AAPE 农业农村部规划设计研究院 专业著作
ACADEMY OF AGRICULTURAL PLANNING AND ENGINEERING, MARA

我国农田建设标准研究

WOGUO NONGTIAN JIANSHE BIAOZHUN YANJIU

赵跃龙 李纪岳 石彦琴◎著

中国农业出版社
北京

　　人多、地少、水缺的现实困难,人口增长和消费升级带来的需求增长,以及国际政治、经贸摩擦的潜在影响等因素,长期威胁着我国粮食安全。因此,解决14亿人口的吃饭问题,始终是治国理政的头等大事。

　　中央明确了新形势下"以我为主、立足国内、确保产能、适度进口、科技支撑"的国家粮食安全战略,强调要坚守"谷物基本自给、口粮绝对安全"的战略底线。守住这个战略底线的前提是保证耕地数量的稳定,重点是实现耕地质量的提升。在此背景下,唯有加强高标准农田建设,大力提升耕地质量,才能切实做到"中国人要把饭碗端在自己手里,而且要装自己的粮食"。因此,习近平总书记指出,耕地是我国最为宝贵的资源,要像保护大熊猫一样保护耕地,而且,要在保护好耕地特别是基本农田的基础上,大规模开展高标准农田建设。

　　高标准农田建设,是要通过田块整治、土壤改良以及田间道路、灌溉排水、农田输配电、农田防护林等工程措施,把杂乱无章的"望天田""斗笠田""冷浆田"变成阡陌纵横的"万亩田""吨粮田""高产田",达到巩固国家粮食安全、改善农业生产条件、增加农民经济收入的目的。近些年来,按照党中央、国务院决策部署,国家发展改革、财政、国土资源、水利、农业农村等部门会同地方政府,分工负责,协同推进,按照土地平整、集中连片、设施完善、农电配套、土壤肥沃、生态良好、抗灾能力强、与现代农业生产和经营方式相适应、旱涝保收、高产稳产的总体要求,大力开展高标准农田建设,并取得了显著成效。据统计,"十二五"时期,全国共实施高标准农田建设项目 45 778 个；新建和改建田间道路 135 万 km、生产路 78 万 km；新建机井、塘堰等水源工程 80.4 万座，新建改建灌排渠（管）道 304 万 km；新增和改善节水灌溉面积 800 万 hm²；新增和改建农田防涝面积 686.67 万 hm²。全国共建成高标准农田 2 686.67 万 hm²，建成后的高标准农田耕地质量平均提升 1 个等级，粮食产能平均提升 10%~20%，新增粮食 373.68 亿 kg。到 2018 年，全国已建成高标准农田 4 266.67 万 hm²，为国家粮食生产连续多年稳定在 0.6 万亿 kg 以上提供了强大支撑，确保了国家粮食安全，维护了国际粮食价格的基本稳定。

虽然我国高标准农田建设取得了一定成效，但是根据有关部门对我国粮食自给率和高标准农田建设需求的测算结果，到 2035 年，我国高标准农田总规模应达到 7 333.33 万 hm²。今后，不仅高标准农田建设面临任务重、难度大、资金需求多，建成后上图入库、工程管护等多个方面的监督检测，制度化、精准化、信息化的监测监管的完善问题，而且建设标准的制订完善也显得尤为重要。

近年来，全国范围内就规范农田建设的基础性、通用性和专业性技术已制定了 27 个标准，包括《高标准农田建设通则》（GB/T 30600—2014）、《高标准农田建设技术规范》（NY/T 2949—2016）、《高标准农田建设标准》（NY/T 2148—2012）、《农田建设规划编制规程》（NY/T 2247—2012）、《高标准基本农田规划》（TD/T 1033—2012）、《高标准农田建设评价规范》（GB/T 33130—2016）等，基本涵盖了农田建设规划、设计、评价等环节。一方面，看起来标准已够多了，但是大部分标准标龄长、标准之间大量重复交叉，与现阶段农田建设要求不相适应。另一方面，还没有有关安全、生态环保、节约等方面的综合标准以及术语标准和制图标准等基础性标准、农田设施设计规范等专用性标准，形成了标准规范既多又缺的矛盾局面。此外，由于高标准农田属于填平补齐项目，且涉及田、土、水、路、林、电、管、技等多项工程措施，同一地区因为地形地貌、田块分制、基础设施现状等因素导致建设内容和投资需求差别明显，不同地区气候条件、生态环境、栽培习惯等因素导致建设内容和投资需求差异变大，还需要补充地方标准。因此，农田建设工程标准及其体系完善等问题的研究不仅重要而且迫切。

本书作者主持制定过行业标准《高标准农田建设技术规范》（NY/T 2949—2016）和国家标准《工程建设标准体系（农业工程部分）》，主持了农业农村部农田建设管理司委托的"高标准农田建设区域划分建设标准制订"的研究，参与了《全国高标准农田建设规划（2019—2022 年）》的编写，当前正在研编《农田工程项目规范》国家标准。结合研编工作，作者将几十年来对农田建设标准化研究的成果撰写成书，供有关部门和相关人员参考，以期为我国高标准农田建设事业做点贡献。

全书分七章。第一章是我国农田建设标准发展历史和现状，描述了我国农田建设标准的发展历程、发展成就和存在的问题。第二章是日本农田建设标准经验借鉴，介绍了日本农田建设标准化总体情况，为我国农田建设标准提供借鉴。第三章梳理了现行农田建设工程类型划分情况。第四章是我国农田建设标准体系完善，分析了现有农田建设标准体系情况，构建了新的农田建设标准体系。第五章、第六章分别探讨了我国农田建设强制性标准、高标准农田设施设计标准。第七章为高标准农田建设分区标准探讨。

由于作者能力和精力有限，书中纰漏在所难免，恳请读者和同行不吝赐教，给予批评指正。

作　者

2020 年 5 月于北京

目 录 CONTENTS ///////////

前言

第一章　我国农田建设标准发展历史和现状 ················· 1

一、我国农田建设标准发展历程 ····················· 1

二、我国农田建设标准成就和问题 ··················· 3

第二章　日本农田建设标准经验借鉴 ··················· 6

一、日本农田建设相关规则 ························· 6

二、日本农田建设标准体系变迁及构成 ··············· 9

三、中日农田建设标准体系对比及启示 ··············· 16

第三章　我国农田建设工程类型划分梳理 ··············· 19

一、现行标准中的农田建设工程类型 ················· 19

二、农田建设工程类型划分探讨 ····················· 25

第四章　我国农田建设标准体系完善 ··················· 27

一、农田建设标准体系现状与趋势 ··················· 27

二、农田建设标准体系的完善 ······················· 28

三、完善后的农田建设标准体系及其特点 ············· 30

第五章　我国农田建设强制性标准探讨 ················· 39

一、作用意义 ··································· 39

二、研究编制要求 ······························· 39

三、编制全文强制性标准的基础 ····················· 40

四、章节条款设置 ······························· 51

五、条文说明 ··································· 61

第六章　高标准农田设施设计标准探讨 ················· 65

一、作用意义 ··································· 65

二、编制重点和难点及与各标准间的关系 ············ 66

三、章节与条款设置 ····························· 69

四、条文说明 ································· 81

第七章　高标准农田建设分区标准探讨 ········· 87

一、作用意义 ································· 87

二、现行分区分类型情况梳理 ···················· 87

三、分区方案探讨 ····························· 90

四、分区分类型标准探讨 ······················· 94

主要参考文献 ································· 96

附件1　日本农田建设标准目录翻译资料（部分） ········ 98

附件2　日本农田建设标准文本样式 ············· 113

后记 ·· 125

第 一 章

我国农田建设标准发展历史和现状

一、我国农田建设标准发展历程

围绕农田建设与保护、农田管理等内容，我国已制定了相关标准，纵观农田建设标准发展历程，大致经历了如下三个阶段。

（1）第一阶段，以农田改造提升标准为主的阶段（1996—1999 年）。20 世纪末，我国建立了土地利用规划管理制度和土地开发复垦管理制度，明确规定以保护耕地为核心，该阶段制定的标准主要围绕耕地质量等级调查与评定、中低产田确定与改良等方面，目的是摸清现有耕地状况，同时增加耕地数量，推动补充耕地的规范管理。围绕这一阶段的目标任务，农业部发布了《全国耕地类型区、耕地地力等级划分》（NY/T 309—1996）、《全国中低产田类型划分与改良技术规范》（NY/T 310—1996）等标准。水利部发布了《农田排水试验规范》（SL 109—1995）[①]、《水土保持综合治理技术规范坡耕地治理技术》（GB/T 16453.1—1996）[②]、《农田排水工程技术规范》（SL/T 4—1999）[③]、《灌溉与排水工程设计规范》（GB 50288—1999）、《灌溉与排水工程技术管理规程》（SL/T 246—1999）等农田建设中水利相关标准。这个阶段农田建设标准的主要特征是标准内容以中低产田改良、农田防灾减灾等农田单项工程建设标准为主，目标是消除制约粮食增产的因素。

（2）第二阶段，以基本农田划定、保护标准为主的阶段（2000—2011 年）。20 世纪末国务院颁布了《基本农田保护条例》（1998 年 12 月 21 日），基本农田概念明确，基本农田建设进入"摸清等级质量、以整治促建设、以建设促保

[①] 该标准已作废，现行标准为《农田排水试验规范》（SL 109—2015）。

[②] 该标准已作废，现行标准为《水土保持综合治理技术规范坡耕地治理技术》（GB/T 16453.1—2008）。

[③] 该标准已作废，现行标准为《农田排水工程技术规范》（SL/T 4—2013）。

护"的阶段。为加强基本农田建设的规范性和可操作性,各部门根据相应的职能范围,围绕基本农田的划定、保护、管理等工作,制定了一系列标准。农业部发布了《农田土壤环境质量监测技术规范》(NY/T 395—2000)[1]、《基本农田环境质量保护技术规范》(NY/T 1259—2007)、《耕地质量验收技术规范》(NY/T 1120—2006)、《耕地地力调查与质量评价技术规程》(NY/T 1634—2008)、《南方地区耕地土壤肥力诊断与评价》(NY/T 1749—2009)、《农田土壤墒情监测技术规范》(NY/T 1782—2009)等标准,国土资源部发布了《第二次全国土地调查基本农田调查技术规程》(TD/T 1017—2008)、《基本农田数据库标准》(TD/T 1019—2009)、《基本农田划定技术规程》(TD/T 1032—2011)、《耕地后备资源调查与评价技术规程》(TD/T 1007—2003)等标准,水利部发布了《衬砌与防渗渠道工程技术管理规程》(SL 599—2013)等标准,国家林业局发布了《农田防护林工程设计规范》(GB/T 50817—2013)等标准。这些标准提高了基本农田划定、建设、保护等工作的科学性和可操作性。这个阶段农田建设标准的主要特征是部分标准名称带有"基本农田"字样,标准内容以农田数量保护、质量建设并重的农田工程建设标准为主,目标是提高农田的综合生产能力。

（3）第三阶段,以高标准农田建设标准为主的阶段（2012年至今）。该阶段又可以划分为两个时期。第一个时期是分散管理时期（2012—2017年）。在这个时期,国土资源部、农业部等部门均参与高标准农田建设。为推进高标准农田建设,国土资源部发布了行业标准《高标准基本农田建设标准》(TD/T 1033—2012),农业部发布了行业标准《高标准农田建设标准》(NY/T 2148—2012),高标准的基本农田建设提上日程。2014年,国土资源部牵头,会同农业部、国家发展改革委、财政部、水利部、国家统计局、国家林业局等部门共同编制了国家标准《高标准农田建设通则》(GB/T 30600—2014),这是我国首部高标准农田建设国家标准。2016年,包含农田建设工程标准体系的《工程建设标准体系（农业工程部分）》发布实施,农田规划、设计、评价、建后管护等农田建设各阶段或环节标准逐渐形成体系。在前期标准的基础上,《农田建设规划编制规程》(NY/T 2247—2012)、《高标准农田建设评价规范》(GB/T 33130—2016)、《高标准农田建设技术规范》(NY/T 2949—2016)等标准相继发布实施。第二个时期是集中管理时期（2018年至今）。2018年,国务院机构改革,按照《中共中央关于深化党和国家机构改革的决定》《深化党和国家机构改革方案》《国务院关于机构设置的通知》(国发〔2018〕6号)的要求,农田建设项目管理职责被整合到农业农村部。2019年,《农田信息监测

---

① 该标准已作废,现行标准为《农田土壤环境质量监测技术规范》(NY/T 395—2012)。

点选址要求和监测规范》（GB/T 37802—2019）发布实施，《农田项目工程规范》全文强制性标准、包含农田建设工程术语的《农业工程术语标准》和《高标准农田设施设计标准》等标准正在编制和完善，高标准农田建设标准体系基本形成。

这个阶段，耕地保护、质量提升仍是重要工作。农业农村部先后发布了《耕地质量监测技术规程》（NY/T 1119—2012）①、《耕地质量预警规范》（NY/T 2173—2012）、《补充耕地质量评定技术规范》（NY/T 2626—2014）、《耕地质量划分规范》（NY/T 2872—2015）、《耕地质量等级》（GB/T 33469—2016）、《耕地污染治理效果评价准则》（NY/T 3343—2018）、《受污染耕地治理与修复导则》（NY/T 3499—2019）、《耕地土壤墒情遥感监测规范》（NY/T 3528—2019）等标准。这个阶段农田建设标准的主要特征是部分标准名称带有"高标准农田"字样，标准内容涉及农田规划、设计、施工、管护等农田建设的全过程，目标是建设高标准农田，提升国家粮食安全保障能力。

二、我国农田建设标准成就和问题

（一）主要成就

1. 制定了一系列标准

如前所述，截至目前，我国已经制定土地平整、土壤改良、灌溉排水、田间道路、农田防护与生态环境保持、农田输配电、科技服务和建后管护等方面的国家标准、行业标准和地方标准。比如，在国家标准方面，国土资源部组织发布了《高标准农田建设通则》（GB/T 30600—2014）、《高标准农田建设评价规范》（GB/T 33130—2016）等标准。在行业标准方面，农业部发布了《农田建设规划编制规程》（NY/T 2247—2012），水利部发布了《农田排水工程技术规范》（SL 4—2013）等标准。在地方标准方面，湖南省发布了《高标准农田建设　第1部分：总则》（DB 43/T 876.1—2014）、《高标准农田建设　第2部分：土地平整》（DB 43/T 876.2—2014）、《高标准农田建设　第3部分：土壤改良》（DB 43/T 876.3—2014）、《高标准农田建设　第4部分：田间道路》（DB 43/T 876.4—2014）、《高标准农田建设　第5部分：灌溉排水》（DB 43/T 876.5—2014）、《高标准农田建设　第6部分：农田防护与生态环境保持》（DB 43/T 876.6—2014）、《高标准农田建设　第7部分：农田输配电》（DB 43/T 876.7—2014）等标准；重庆市发布了《高标准农田建设规范》（DB 50/T 761—2017）等标准；四川省发布了《高标准农田建设技术规范》（DB 51/T 1872—2014）等标准；

---

① 该标准已作废，现行标准为《耕地质量监测技术规程》（NY/T 1119—2019）。

陕西省发布了《土地整治高标准农田建设 第1部分：规划与建设》（DB 61/T 991.1—2015）、《土地整治高标准农田建设 第2部分：土地平整》（DB 61/T 991.2—2015）、《土地整治高标准农田建设 第3部分：灌溉与排水》（DB 61/T 991.3—2015）、《土地整治高标准农田建设 第4部分：农田输配电》（DB 61/T 991.4—2015）、《土地整治高标准农田建设 第5部分：田间道路》（DB 61/T 991.5—2015）、《土地整治高标准农田建设 第6部分：农田防护与生态环境保护》（DB 61/T 991.6—2015）、《土地整治高标准农田建设 第7部分：辅助工程》（DB 61/T 991.7—2015）等标准。这些标准涉及田、土、水、路、林、电、技、管等农田建设的分项工程和建设环节，为各地开展高标准农田建设做出了积极贡献。

2. 构建了一套标准体系

2016年，由住房和城乡建设部立项，农业部主管、农业部规划设计研究院牵头编制的《工程建设标准体系（农业工程部分）》包括了农田建设工程标准体系，该体系为农田建设工程标准做好了顶层设计，有效避免了各部门制定的农田建设工程标准的交叉、重复现象，科学地指导了农田建设标准的制修订和完善工作。

（二）存在的问题

1. 标准的重复交叉和不完善

由于机构改革之前管理农田建设的部门较多，相关标准由原国土资源部、水利部、原农业部、财政部多部门分头编制，存在交叉重复和不一致的问题。一是标准侧重方向不同，例如，原国土资源部主导制定的标准侧重于土地整治，而地力提升相关内容则不多。二是分散在各标准中的一些指标有不一致现象，不利于农田建设统一实施。三是在乡村振兴战略背景下，农业工程建设要求和投入水平也逐渐提高，原有的部分标准已不能适应新的发展需要，客观要求补充和完善现有标准并制定新标准。比如，由于缺乏后期管护标准，致使许多建好的高标准农田管护不到位，出现工程破损、耕地质量下降等现象，影响高标准农田效益。四是现有农田建设标准体系仍然不够全面，需要补充完善农田建设工程相关标准，进一步完善标准体系。五是现有标准体系中部分标准还处于待编状态，应该尽快组织编制才能使农田建设全过程都有标可依，确保国家投资效益的长久发挥。

2. 农田建设工程类型划分意见不一，尚需进一步梳理

现阶段，我国农田建设工程类型在不同的标准中有不同的划分。如《高标准农田建设标准》（NY/T 2148—2012）将高标准农田建设内容分为田间工程和田间定位监测点两部分，其中，田间工程包括土地平整、土壤培肥、灌溉水

源、灌溉渠道、排水沟、田间灌溉、渠系建筑物、泵站、农用输配电、田间道路及农田防护林网等11部分；田间定位监测点工程分为土壤肥力、墒情和虫情定位监测点3类共12项设施。《高标准农田建设技术规范》（NY/T 2949—2016）将农田工程分为耕作田块修筑、土壤改良与培肥、灌溉与排水（包括蓄水、引水、灌水、排水等工程）、农田输配电、田间道路、农田防护与生态环境保持6类。《高标准农田建设通则》（GB/T 30600—2014）中的工程体系一级分类为土地平整工程、土壤改良工程、灌溉与排水工程、田间道路工程、农田防护与生态环境保持工程、农田输配电工程、其他工程7类。现有标准中工程类型划分意见不一，不利于标准制定和使用。因此，农田建设工程类型划分尚需进一步梳理。

3. 标准强制性条款分散，强制性力度不够

现有的农田建设强制性条款分散在不同标准中，且不系统、不全面，不利于实施。已颁布的农田建设相关标准中含有强制性条文的标准主要集中在农田灌溉与排水领域，包括《农田水利规划导则》（SL 462—2012）、《灌溉与排水渠系建筑物设计规范》（SL 482—2011）、《喷灌与微灌工程技术管理规程》（SL 236—1999）、《地面灌溉工程技术管理规范》（SL 558—2011）、《衬砌与防渗渠道工程技术管理规程》（SL 599—2013），农田建设的其他领域如土地平整、土壤改良与培肥、田间道路、农田输配电、农田面源污染综合治理、耕地质量检测机构、农业环境野外定位监测点等，尚未制定强制性标准。

4. 部分重要标准尚未编制

如前所述，过去几年，与农田建设相关的部门发布了大量农田建设标准，比如，农业部先后发布了《高标准农田建设标准》（NT/T 2148—2012）、《农田建设规划编制规程》（NY/T 2247—2012）、《高标准农田建设技术规范》（NY/T 2949—2016）等标准；国土资源部发布了《高标准基本农田建设技术规范（试行）》《土地开发整理工程建设标准》等标准；水利部发布了《灌区规划规范》（GB/T 505509—2009）、《大中型灌区技术改造规程》等标准。但是，现有标准体系中待编的部分关键性、基础性标准和专用性标准仍然处于待编状态，例如《高标准农田设施设计标准》，从而出现标准规范既多又缺的矛盾局面。由于标准不配套、作用发挥不全，高标准农田建设难以做到建设一片、巩固一片，严重影响了高标准农田建设的效果。

第二章

日本农田建设标准经验借鉴

借鉴国外的标准化管理与制定经验、标准化成果和法规制度，并根据我国国情加以改造和创新，有利于促进我国农田工程建设标准化的发展。世界发达国家农田工程建设标准化工作各具特色，总体来看，多数国家并未制定太多专门的技术标准，而是将工作层面的标准纳入法律法规，将技术层面的标准通过科研机构直接进行推广。综合对比各国农田建设标准，日本在标准体系、标准内容等方面十分健全。日本 60 年前开展的土地改良工作，实施范围广、工程质量好、设施使用寿命长，促进了粮食生产能力的大幅提升。在开展土地改良工作过程中，日本很重视标准对项目建设的技术支撑作用，以上成就的取得，离不开完善的标准体系的支撑。同时，在农田建设及其标准体系构建和管理方面，日本与中国一样都是以政府为主导，相比而言学习日本经验更有意义。

一、日本农田建设相关规则

日本具有较完整的法律制度，任何一项重大工程实施之前必先立法。日本在实施农田基础设施建设工程前，于 1949 年颁布了《土地改良法》《土地改良法实施令》《土地改良法实施细则》，配合工程建设制定了相关标准，并根据实施情况做了多次修订。日本的法律体系从上到下分为四级：法律、政令、省令和告示（图 2-1）。

法律由议会批准，由天皇公布，例如《土地改良法》是一部农田基础设施建设领域的法律，它确定了土地改良区的主体地位，对土地改良区的设立、管理、实施、范围变更、联合会设立进行了详细规定。同时，针对实施土地改良工程的建设主体的不同，《土地改良法》对农林水产省和都道府县、农业协同组合、市町村开展的土地改良区申请程序分别予以规定。

政令也叫政府令，由内阁制定，是为实施宪法和法律而制定的，例如《土地改良法实施令》就是对《土地改良法》的进一步细化，是为了实现《土地改

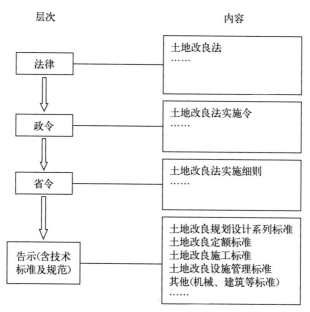

图 2-1　日本农田建设须遵守的规则示意图

良法》的目标要求或性能要求而做出的更为具体的规定。

根据日本《国家行政组织法》第十二条规定，各省大臣就所管事务为实施法律、法令或根据法律或政令的专门规定可发布相关政府部门的省令，例如，为实施《土地改良法》和《土地改良法实施令》，农林水产省制定了《土地改良法实施细则》。《土地改良法实施令》《土地改良法实施细则》对土地改良区实施的职责权限、建设程序、建设内容、建设标准、检查验收、维修管护等都进行了详细具体的规定。

告示也叫通告，各大臣、各委员会及各厅的负责人就部门所管事务，认为有必要公布时可发布告示。农田建设各项标准均通过告示的方式颁布。

可见，日本农田建设标准具有明确的法律地位，农林水产省制定的各项标准也均通过不同层级的告示颁布，属于国家法律范畴，只不过处于日本法律的不同层次而已。标准所具有的明确的法律地位确保了日本农田建设标准非常强的执行力度，基本上都能在其调整管理的范围里发挥应有的作用。标准体系与法令相互融合，如《土地改良法实施令》提及与标准相关的要求有 30 余条，详细规定了各类工程项目的立项、设计、施工、验收及建成后的使用和维护，均须遵循农林水产省制定的有关标准。在标准中也会多次强调有关建设需要按照相关法律执行，例如在《土地改良规划设计标准　农道》中列出的"必须遵守的法令"有 38 部之多。

◆ 专栏 1：日本土地改良法

《土地改良法》是为了加强农业基础设施建设，进一步提高农业生产率，增加农业生产总值，有选择地扩大农业生产范围，改善农业结构，制定必要的措施，落实农用地改良、开发、保护及集约化经营事业而设立的。该法是关于土地改良区组织设立条件、设立程序、运行和实施的法律制度。

《土地改良法》包括 7 章 145 条。7 章的内容分别是：总则和土地改良长期计划、土地改良事业、各种权利的交换分割合并、土地改良事业团体联合会、补则、监督、罚则。其中的土地改良事业一章，对土地改良区的设立、土地改良区的管理、土地改良区事业的实施、土地改良区的范围变更、土地改良区联合会的设立和管理进行了详细规定，同时根据实施土地改良事业的主体的不同，对国家和都道府县实施的土地改良事业、农业协同组合开展的土地改良事业、市町村开展的土地改良事业分别加以规定。

◆ 专栏 2：日本土地改良法实施令

每次修改《土地改良法》之后，都要颁布《土地改良法实施令》，《土地改良法实施令》规定的内容包括两方面。

一是确定新《土地改良法》的实施日期。如第一次《土地改良法》的实施日期 1949 年 8 月 4 日，就是在 1949 年 8 月 4 日政令第 295 号中公布的。

二是对《土地改良法》中有关授权农林水产省决定的事项的条款，通过实施令的形式进行规定。根据《土地改良法》授权，实施令对土地改良的实施条件、参与者资格、总代表选举、费用分担等作出具体规定。例如，实施令中明确了作为统一的土地改良事业实施的条件、参加土地改良事业资格、土地改良事业申请书要求、与土地改良事业实施相关的基本条件、完成土地改良事业的基础条件、不需要同意征集手续的土地改良事业的条件、同意征集手续可以简化的土地改良事业的条件，以及其他有关土地改良的参与主体、改良对象等的资格条件等。

◆ **专栏3：日本土地改良法实施细则**

《土地改良法实施细则》是对《土地改良法》中一些具体事项作出更详细的规定，共106条。大致分为两方面。

一是对《土地改良法》和《土地改良法实施令》中未明确的具体细节内容加以规定和解释，例如《土地改良法》第二条第二款第七项规定的事业，实施细则中明确为"掺土、暗渠排水和压土"；《土地改良法实施令》第一条之三第二款的农林水产省令规定的期限，实施细则中明确为7 d。

二是对《土地改良法》和《土地改良法实施令》中涉及的各种申报书、总结、记录等的格式和内容加以规定和规范，如《土地改良法》第五条第二款的土地改良事业计划概要，实施细则中详细提出了计划概要包括的主要内容；实施细则还对联合会变更和集散等的申请手续、组合成员名册的记载事项、土地改良区竣工验收报告的格式和内容、各种土地改良区负担金的征收手续，甚至会议记录的形式内容都有规定。

二、日本农田建设标准体系变迁及构成

(一) 日本农田标准体系的变迁

日本农田建设标准体系经历了从简单到复杂的过程，大体可分为四个阶段。

(1) 第一阶段（1952—1965年）。制定了初期土地改良工程规划设计标准，主要包括灌溉、排水、区划整理、暗渠排水规划以及土堰堤、混凝土坝、渠首工程、水路工程和道路工程的设计标准。当时编制的标准内容主要是设计和施工实例。标准精度不统一，但对当时农田建设规划、设计、施工水平的显著提高做出了巨大贡献。

(2) 第二阶段（1965—1975年）。1965年前后农田建设工程量明显增加，标准的制定以省工、施工过程优化为目的，逐步进行系统整合。这期间制修订的标准主要包括河口改良和防止滑坡工程规划标准以及混凝土坝、渠首工程、水路工程、农道（铺装）的设计标准。

(3) 第三阶段（1976—1994年）。该时期规范了标准制修订管理程序，规定了标准的颁布要经过农林水产省相关审议会审议通过，由农林水产事务次官通告。这期制修订的标准包括旱田灌溉、暗渠排水和农道标准，并将区划整理标准修订为旱田农场建设和水田农场建设规划标准，以及渠首工程、水路工程

和泵站设计标准，将土堰和水坝设计标准合并为水库设计标准。

（4）第四阶段（1995 年至今）。这个时期，政府更加注重对设施的管理和对投资额的控制，因而开始制定设施管理标准和定额标准，并且随着新技术的迅速发展，根据发展需求对规划设计标准均开展了若干次修订，同时制定了多项技术指南，沿用至今的标准体系逐步形成。

（二）日本农田标准体系的构成

目前，日本的土地改良工程标准体系由规划设计标准、定额标准、施工标准、设施管理标准四类构成（图 2-2）。标准体系层次的划分根据工程建设的环节而定，内容十分清晰，便于实施。

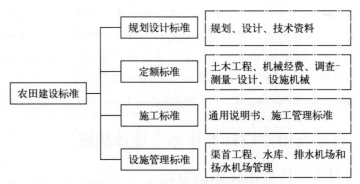

图 2-2　日本农田建设标准体系构成

1. 规划设计标准

规划设计标准发展历史较长，内容完善，为工程建设规划设计阶段的工作提供技术依据。

（1）规划标准。规划标准是为了正确有效地实施土地改良事业而制定的技术标准之一，主要为农田建设的调查、规划工作提供相关的技术依据。如图 2-3所示，经过多年发展，目前已经颁布实施的标准涵盖农业用水、农场建设、水质水温、排水、暗渠排水、农地保护、农道、农地防止滑坡等方面。

日本的农田建设规划标准主要特征是十分注重前期的调查，各项标准均规定了由概查和精查组成的调查内容。首先通过概查掌握规划地区的大致现状，判断工程的必要性。根据概查的结果，以及都道府县、市町村的开发规划和有关农田建设工程规划，判断工程的可行性，确定符合该地区未来发展方向的基本方针。再根据概查结果和基本方针判断工程的妥当性，进而制订计划并进行精查。精查一般包括：自然条件及耕地条件等基础性资料的调查，社会经济条件、未来农业经营规划、农业经营栽培状况等为确定未来目标状况所进行的调

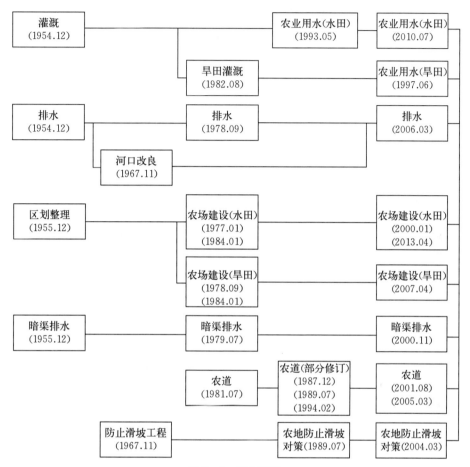

图 2-3　规划标准

查，为改良现状所进行的和本项目有直接或间接关系的关联项目的调查。规划
部分规定了工程规划编制的顺序、基本构想、基本计划、设施计划、管理运营
计划、事业计划的评价。

（2）设计标准。该类标准主要服务于农田建设的设计工作。如图 2-4 所
示，土地改良工程设计标准系列至今已发展为包括水库、渠首工程、水路工
程、管道、水路隧道、农道、泵站等方面的 7 项标准。

设计标准详细规定了农田建设过程中各项工程设计的流程、设施构成及构
造、必要的调查方法、研究方法、标准用语等内容，并针对各种具体设施详细
描述了设计方案和注意点。设计标准涵盖内容十分全面，为工程设计提供了详
细的技术参考依据。

（3）其他技术资料。在土地改良事业中，除了规划设计标准被作为技术依

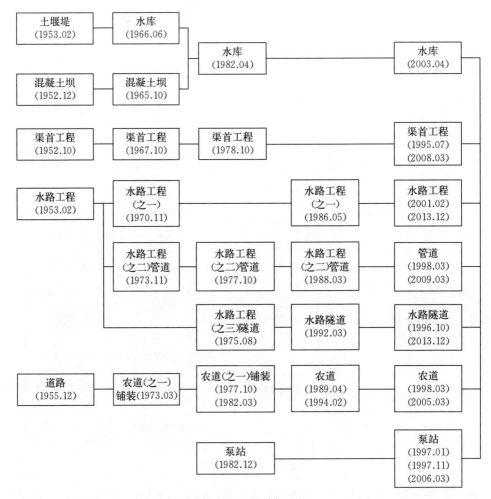

图 2-4 设计标准

据以外，还有一些技术指南和手册被广泛应用（图 2-5）。指南是指一些处于研发阶段的详细技术统计资料。手册是指在土地改良事业的实施过程中，一些可供参考的课题研究成果。这些指南和手册主要针对施工实践少、技术不够成熟的工种或门类，涉及蓄水池建设、耐震设计、农业水利设施保护和延长设施使用寿命、环境和谐条件的农业调查等方面内容，它们不像标准那样具有约束力，只作为规划施工的参考资料。在之后施工实践经验充足、技术成熟的时候，有可能逐渐升格为规划标准或设计标准，因此可视为"预备标准"。

2. 定额标准

定额标准是政府用于计算农田工程量、用工、费用，确定项目预算的依

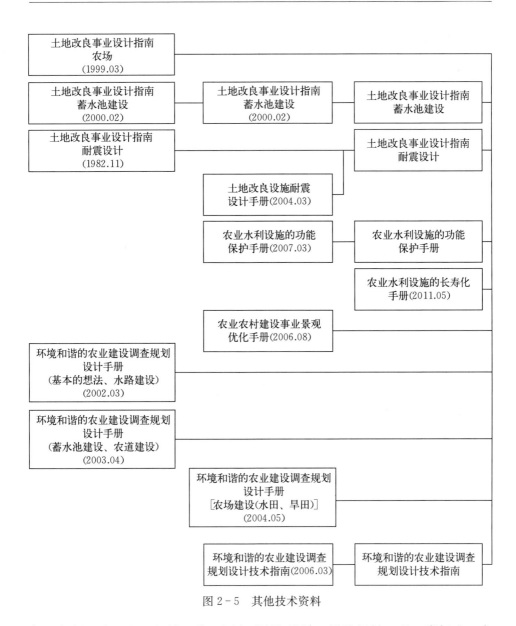

图 2-5 其他技术资料

据,包括土木工程、机械经费、调查-测量-设计、设施机械工程四类标准。定额标准内容涵盖工程承包的规范步骤、各项具体工程计算参考步骤、定额标准的运用等,十分详细地将每一类工程进行了拆分,对具体工作的用工量、工程量、材料需要量、价格等进行了细致的描述。社会组织"农业农村建设综合情报所"受托调查有关建筑、设备、土木等的定额,依据政府使用的定额标准报告各种工程的材料价、工程价等。通过这种方式确定的预算体现了市场定价的原则。

3. 施工标准

施工标准主要包括两个方面六项内容：一方面是通用说明书类，主要包括土木工程、设施机械工程和调查-测量-设计的通用说明书；另一方面是施工管理标准，主要包括土木工程施工管理标准及其指南、设施机械工程施工管理标准等。

（1）通用说明书。是针对与农林水产省所管的国营土地改良事业工程，就工程建设的顺序、使用材料的品质和数量、施工方法等施工要点和内容进行规定。通用说明书的内容包含了工程施工计划书、相关人员、工程用地的使用、工程的分包、变更、建设材料、工程量清单、工程竣工图、施工管理、安全管理、补偿措施等方面。

（2）施工管理标准。是针对农林水产省所管的国营土地改良事业工程，为了利于其施工工程的进度控制、施工质量检查及质量管理的合理化而制定的标准，适用于地方农政局施工时承包实施的土木工程、设施机械工程等。该类标准对施工管理的构成进行了规定，包括工程进度控制（进度管理）、施工质量检查和质量管理。在施工管理的实施中，包含了直接测定进行的施工质量检查、摄影测定进行的施工质量检查和质量管理。施工管理实施要领部分，包含了管理方法、施工管理的条款，并规定了施工管理记录格式。

4. 设施管理标准

设施管理标准主要集中于农田水利工程建设方面，如图 2-6 所示，目前设施管理标准的内容涵盖渠首工程、水库、排水机场和扬水机场，详细规定了这些农田水利设施的管理组织、体制、建筑物和设备运行管护以及财产的管理等内容。设施管理标准的制定和实施，保障了日本农田水利设施运行良好、使用效率高、设施寿命长。

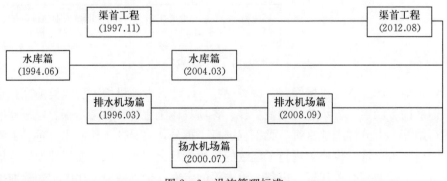

图 2-6 设施管理标准

（三）日本农田建设标准文本结构

规划设计标准和设施管理标准的文本结构于 1994 年进行了新的修订并沿用至今，其结构最具特色，这里专门对其进行介绍。

标准文本由标准书和技术书组成，其中标准书包括标准正文、标准运用、标准及运用解说（图 2-7）。标准书是不论地区的特点和具体现场条件如何，所有设计均应遵守的要求。其中：①标准正文是必须遵守的基本要求，由次官通告；②标准的运用是必须遵守的具体要求，相当于设计规范的实施细则，系具体的规定事项，由局长通告；③标准运用说明是有关①、②内容的说明，描述了设计规范正文和实施细则的根据和解释，属通告外部分。技术书不作为规范条文统一规定的事项，按照地区特点和现场条件进行选择的事项、一般性技术说明、标准设计例、其他参考事项等，也属通告外部分（图 2-8）。这种结

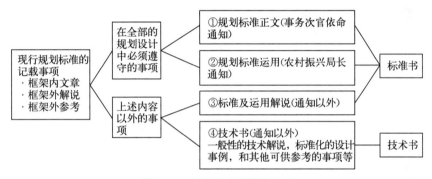

图 2-7 标准文本的结构组成

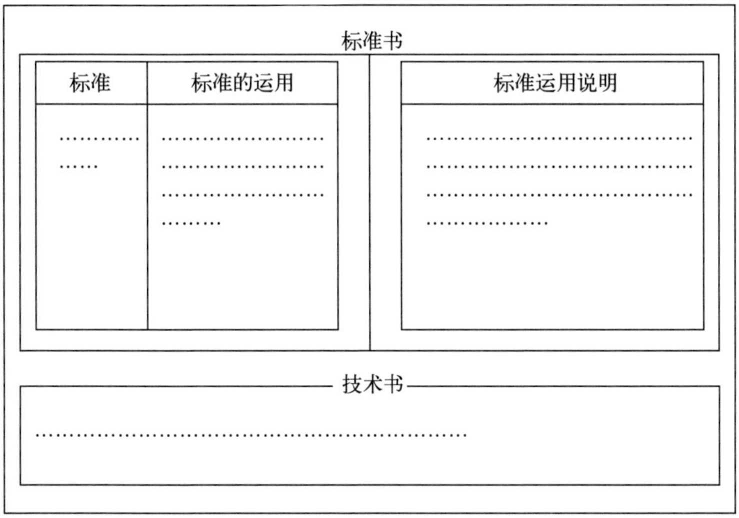

图 2-8 标准文本的样式

构可以满足标准本来应具备的规范性，同时可满足技术所要求的即时性、灵活性、选择性。标准书中的标准和标准的运用是必须遵守事项，标准书中的标准运用说明和技术书是非必须遵守事项，不同地方需要遵守的技术和参数均在技术书中有描述。必要的标准需征求土地、建设等部门以及各地方农政局等的意见，在征求意见之前召开一次技术委员会会议，以确定征求意见稿。

三、中日农田建设标准体系对比及启示

（一）中日农田建设标准体系对比分析

1. 标准的地位

日本：农田建设标准与法令紧密衔接，具有较强的法律效力，具有明确的法律地位。日本农田建设各项标准都强调要遵守有关法令，《土地改良法实施令》明确规定了土地改良区的建设经费补贴范围需要满足相关工程建设技术标准的要求，标准中由农林水产事务次官签署颁布的部分内容为强制性条款，具有法律效力。

中国：目前的农业工程标准多为推荐性标准，对工程建设的约束力不强，实施效果不佳。中国目前没有专门针对农田建设方面的法律，标准的制定和实施也没有专门的法律依据，农田建设标准属于政府规范性文件，标准的强制约束力不够，影响执行效果。

2. 标准体系内容

日本：农田建设标准体系分类细致，全面覆盖农田建设各个领域，不但包含农田建设的规模、构造、技术措施，而且还对农田建设、运营及维护做出规定，既涉及技术方面，同时还包括对实施管理方面的规定，这使得工程建设的每个环节均有章可循。在标准内容方面，不仅有目标要求，还包括具体的实施措施，既有原则规定，又有技术要求、应用条件和范围解释。文本中通告以外部分的"说明"和"技术书"内容十分详细，一般通告以外部分所占篇幅是通告部分（正文和实施细则）的 10 倍之多，可操作性很强。

中国：在体系建设方面，农田建设方面的标准起步较晚，尚未形成完善的标准体系，已编制的标准主要是水利工程标准，缺少田间工程的设计、建设、施工、验收等方面的标准，标准之间存在交叉。在内容方面，中国的农田建设标准中的大部分内容仅为原则性的规定，且在表达上过于笼统、抽象，影响了标准的可操作性。

3. 编制原则

日本：农田建设标准注意坚持经济性、环保性、长远性、动态性等原则。

中国：虽然在建设标准编制原则上比较注意强调经济性原则，但在从长远角度综合考虑建筑材料、机器等品质、性能、耐久性等以减少相关设施的建设、维护和保护等所需要的全面费用，从而带来整个建设工程项目的全寿命周期成本的节约方面，依然存在不足。

4. 使用范围和作用

日本：农田建设标准主要的使用范围是政府投资建设项目，作用是通过对政府投资项目本身所要遵守的技术、经济、功能、环保等方面的要求以及对项目实施过程中所要遵守的管理要领、建设流程、组织方式、人员职责等方面的要求进行系统深入、全面的规定，从而保障政府投资工程有效、高效。也就是说，日本建设标准主要是用于管理工程的建设，而不是用于审批、监督工程建设。

中国：农田建设标准主要用于政府项目审批、监督和建设，很多标准在实际工作中的应用率并不高。

（二）相关启示

日本农田建设标准对我国具有十分重要的借鉴意义。鉴于我国的中央和地方事权划分、政府部门分工、建设管理体系等实际情况，日本的经验不能完全照搬，但通过前述研究，在我国农田建设标准研究和制定工作中有以下几方面的启示。

1. 标准体系构建原则应体现动态理念

由于新产品、新技术不断涌现，中国的社会经济文化发展迅速，所以建设标准动态发展、具有足够的前瞻性很重要。因此，在制定、修订中国农田建设标准时，要积极研究国外先进标准的有关技术要求，对现行建设标准中有明显缺陷、阻碍新技术推广应用的规定及时进行修改。将成熟的新经验、新技术、新成果及时纳入标准中以利于推广应用，从而保持标准的适用性、可靠性和先进性，以满足政府投资工程决策、建设管理的需要。

2. 加强标准的法规属性

日本农田建设标准与法令紧密衔接，属于技术法规范畴，具有明确的法律地位。而我国的农业工程标准多为推荐性标准，农田建设标准属于政府规范性文件，强制约束力不够，影响执行效果。应加强相关法律法规的制定，将标准中的相关要求与之衔接，提高标准的法律效力。

3. 标准制定应管长远

我国以往的建设标准编制强调经济节约原则，这种经济节约应是工程项目全寿命周期成本的节约，应考虑项目运营和维护成本以及项目直接建造成本。这一点在以前标准编制中重视不够，今后应给予足够重视。

4. 注意前期基础数据的收集和分析工作

由于中国地域差距很大,经济发展水平参差不齐,为提高建设标准的科学合理性,要重视对各地基础数据的长期跟踪、收集、分析工作,为定量化的标准提供数据支持。另外,要进一步重视对标准的严格评估工作,正式确立和颁布的标准条文要经过充分的论证,确保我国建设标准的可操作性。

第三章

我国农田建设工程类型划分梳理

农田建设工程类型划分是构建标准体系和制定相关标准的主要依据，可应用于农田建设标准体系中专用标准框架的搭建，也可应用于综合标准、基础标准和通用标准的相关章节条款的设置。由于多年来农田建设管理政出多门，农田建设工程类型划分方式多种多样，导致农田建设标准体系构建和相关标准编制过程中有关农田建设工程类型划分的争论不断。一些人认为应该统一规定农田建设工程类型划分，另外一些人则认为，应该根据不同的用途、不同类型标准而有不同的农田建设工程类型划分。因此，作者梳理了一些已颁布标准中农田建设工程类型划分，并在此基础上提出自己对农田建设工程类型划分的观点，以期为完善标准体系和编制标准提供参考。

一、现行标准中的农田建设工程类型

(一) 工程类型梳理

现行农田建设标准中的工程类型划分不一，作者重点梳理了《高标准农田建设通则》（GB/T 30600—2014）、《高标准农田建设标准》（NY/T 2148—2012）、《高标准农田建设技术规范》（NY/T 2949—2016）、《高标准基本农田建设标准》（TD/T 1033—2012）和《国家农业综合开发高标准农田建设示范工程建设标准（试行）》中的工程类型。

1.《高标准农田建设通则》（GB/T 30600—2014）中的工程类型

国土资源部牵头、国家标准委员会颁布的《高标准农田建设通则》（GB/T 30600—2014）将高标准农田建设工程类型划分为三个层级。第一级分类包括 7 个工程，即土地平整工程、土壤改良工程、灌溉与排水工程、田间道路工程、农田防护与生态环境保持工程、农田输配电工程、其他工程；第二级分类包括 21 个亚工程；第三级分类包括 41 个子工程。工程分类参见表3 - 1。

表 3-1 《高标准农田建设通则》（GB/T 30600—2014）中的工程类型

一级		二级		三级	
编号	名称	编号	名称	编号	名称
1	土地平整工程	1.1	耕作田块修筑工程	1.1.1	条田
				1.1.2	梯田
				1.1.3	其他田块
		1.2	耕作层地力保持工程	1.2.1	客土回填
				1.2.2	表土保护
2	土壤改良工程	2.1	沙（黏）质土壤治理		
		2.2	酸化和盐碱土壤治理		
		2.3	污染土壤修复		
		2.4	地力培肥		
3	灌溉与排水工程	3.1	水源工程	3.1.1	塘堰（坝）
				3.1.2	小型拦河坝（闸）
				3.1.3	农用井
				3.1.4	小型集雨设施
		3.2	输水工程	3.2.1	明渠
				3.2.2	管道
				3.2.3	地面灌溉
		3.3	喷微灌工程	3.3.1	喷灌
				3.3.2	微灌
		3.4	排水工程	3.4.1	明沟
				3.4.2	暗渠（管）
		3.5	渠系建筑物工程	3.5.1	水闸
				3.5.2	渡槽
				3.5.3	倒虹吸
				3.5.4	农桥
				3.5.5	涵洞
				3.5.6	跌水、陡坡
				3.5.7	量水设施
		3.6	泵站		
4	田间道路工程	4.1	田间道（机耕路）		
		4.2	生产路		

(续)

一级		二级		三级	
编号	名称	编号	名称	编号	名称
5	农田防护与生态环境保持工程	5.1	农田林网工程	5.1.1	农田防风林
				5.1.2	梯田埂坎防护林
				5.1.3	护路护沟林
				5.1.4	护岸林
		5.2	岸坡防护工程	5.2.1	护堤
				5.2.2	护岸
		5.3	沟道治理工程	5.3.1	谷坊
				5.3.2	沟头防护
				5.3.3	拦沙坝
		5.4	坡面防护工程	5.4.1	截水沟
				5.4.2	排洪沟
6	农田输配电工程	6.1	输电线路工程	6.1.1	高压输电线路
				6.1.2	低压输电线路
				6.1.3	弱电输电线路
		6.2	变配电装置	6.2.1	变压器
				6.2.2	配电箱（屏）
				6.2.3	其他变配电装置
7	其他工程	7.1	田间监测工程	7.1.1	耕地质量监测

2. 《高标准农田建设标准》（NY/T 2148—2012）**中的工程类型**

《高标准农田建设标准》（NY/T 2148—2012）是农业部颁布的农业行业标准，适用于高标准农田项目的规划、建议书、可行性研究报告和初步设计等文件的编制，以及项目的评估、建设、检查和验收。该标准先将高标准农田建设内容分为田间工程和田间定位监测点两部分，再把两部分细分为具体工程。

（1）田间工程。田间工程分为土地平整、土壤培肥、灌溉水源、灌溉渠道、排水沟、田间灌溉、渠系建筑物、泵站、农用输配电、田间道路及农田防护林网等 11 类工程，包含 21 项子工程。参见表 3-2。

表 3-2　《高标准农田建设标准》（NY/T 2148—2012）中田间工程类型

序号		工程名称	
1	土地平整	1.1	土地平整
		1.2	土地及耕作层改造
		1.3	田坎（埂）

（续）

序号	工程名称		
2	土壤培肥		
3	灌溉水源	3.1	塘堰
		3.2	蓄水池
		3.3	小型蓄水窖（池）
		3.4	机井
4	灌溉渠道	4.1	灌溉渠系
		4.2	管道灌溉
5	排水沟	5.1	防洪沟
		5.2	田间排水沟
		5.3	暗管排水
6	田间灌溉	6.1	喷灌
		6.2	微灌（滴灌和微喷）
7	渠系建筑物		
8	泵站		
9	农用输配电	9.1	高压线
		9.2	低压线
		9.3	变配电设施
10	道路	10.1	砂石路
		10.2	混凝土（沥青混凝土）道路
		10.3	泥结石路
11	农田防护林网	11.1	防护林

（2）田间定位监测点。田间定位监测点分为土壤肥力、墒情和虫情监测点3类，包含12项设施。参见表3-3。

表3-3 《高标准农田建设标准》（NY/T 2148—2012）中田间定位监测点工程类型

序号	设施名称		
1	土壤肥力监测点	1.1	监测小区隔离
		1.2	小区设置和农田整治
		1.3	标志牌
2	墒情监测点	2.1	全自动土壤水分速测仪
		2.2	土壤水分、温度定点监测及远程传输
		2.3	简易田间小气候气象站

（续）

序号		设施名称	
2	墒情监测点	2.4	数据接收服务器及配套设备
		2.5	标志牌
		2.6	防护栏
3	虫情监测点	3.1	自动虫情测报灯
		3.2	自动杀虫灯（太阳能）
		3.3	自动杀虫灯（农电）

3. 《高标准农田建设技术规范》（NY/T 2949—2016）中的工程类型

农业部 2016 年颁布的行业标准《高标准农田建设技术规范》（NY/T 2949—2016）将农田工程分为 6 类。参见表 3-4。

表 3-4　《高标准农田建设技术规范》（NY/T 2949—2016）中的工程类型

序号	工程类型
1	耕作田块修筑
2	土壤改良与培肥
3	灌溉与排水（包括蓄水、引水、灌水、排水等工程）
4	农田输配电
5	田间道路
6	农田防护与生态环境保持

4. 《高标准基本农田建设标准》（TD/T 1033—2012）中的工程类型

国土资源部颁布的行业标准《高标准基本农田建设标准》（TD/T 1033—2012）将基本农田建设划分为土地平整、灌溉与排水、田间道路工程、农田防护与生态环境保持工程、其他 5 个一级工程，14 个二级工程、37 个三级工程。参见表 3-5。

表 3-5　《高标准基本农田建设标准》（TD/T 1033—2012）中的工程类型

一级		二级		三级	
编号	名称	编号	名称	编号	名称
1	土地平整工程	1.1	耕作田块修筑工程	1.1.1	条田
				1.1.2	梯田
		1.2	耕作层地力保持工程	1.2.1	客土回填
				1.2.2	表土保护

（续）

一级		二级		三级	
编号	名称	编号	名称	编号	名称
2	灌溉与排水工程	2.1	水源工程	2.1.1	塘堰（坝）
				2.1.2	小型拦河坝（闸）
				2.1.3	农用井
				2.1.4	小型集雨设施
		2.2	输水工程	2.2.1	明渠
				2.2.2	管道
				2.2.3	地面灌溉
		2.3	喷微灌工程	2.3.1	喷灌
				2.3.2	微灌
		2.4	排水工程	2.4.1	明沟
				2.4.2	暗渠（管）
		2.5	渠系建筑物工程	2.5.1	水闸
				2.5.2	渡槽
				2.5.3	倒虹吸
				2.5.4	农桥
				2.5.5	涵洞
				2.5.6	跌水、陡坡
				2.5.7	量水设施
		2.6	泵站		
3	田间道路工程	3.1	田间道		
		3.2	生产路		
4	农田防护与生态环境保持工程	4.1	农田林网工程	4.1.1	农田防护林
				4.1.2	梯田埂坎防护林
				4.1.3	护路护沟林
				4.1.4	护岸林
		4.2	岸坡防护工程	4.2.1	护堤
				4.2.2	护岸
		4.3	沟道治理工程	4.3.1	谷坊
				4.3.2	沟头防护
				4.3.3	拦沙坝
		4.4	坡面防护工程	4.4.1	截水沟
				4.4.2	排洪沟
5	其他工程				

5.《国家农业综合开发高标准农田建设示范工程建设标准（试行）》中的工程类型

原国家农业综合开发管理办公室印发的《国家农业综合开发高标准农田建设示范工程建设标准（试行）》把工程划分为水利措施、农业措施、田间道路、林业措施、科技措施5大类。其中，水利措施再细分为灌溉工程、排水工程；农业措施再细分为农田工程、土壤改良、良种繁育与推广、农业机械化。参见表3-6。

表3-6　《农业综合开发高标准农田建设示范工程建设标准（试行）》中的工程类型

序号	工程类型	备注
1	水利措施	包括灌溉工程、排水工程
2	农业措施	农田工程、土壤改良、良种繁育与推广、农业机械化
3	田间道路	
4	林业措施	
5	科技措施	

（二）分析总结

从上述对现行标准体系和标准中农田建设工程类型划分的梳理来看，农田建设工程类型划分虽不能随意分类，但也不能简单划一，而应该按应用范围、管理要求、用户需求和经济社会发展的不同而有不同的划分方式。按照综合标准、基础标准、通用标准和专用标准的标准分类，农田建设工程在各类标准中的划分也应该不同。例如，国家标准《高标准农田建设通则》（GB/T 30600—2014）中的农田建设工程类型划分，是在国土资源部行业标准《高标准基本农田建设标准》（TD/T 1033—2012）工程类型划分的基础上，综合各部门在农田建设方面的职能进行划分的，还增加了《高标准农田建设标准》（NY/T 2148—2012）等农业行业标准中的土壤改良、农田监测等内容。

此外，借鉴日本农田建设工程注重生态环境的经验，并综合考虑我国农业农村发展对于美丽乡村的要求，农田景观工程内容应纳入其中。这样，农田建设工程总体上包含了土地平整、土壤改良、灌溉与排水、田间道路、农田防护、生态环境保持、农田景观、农田输配电、农田监测等类型。

二、农田建设工程类型划分探讨

从上述工程类型划分梳理结论看出，农田建设工程类型划分不是一成不变的，也不是随意划分的，而是不同的标准类型有不同的划分方式，而且还要随着经济社会发展需求的变化而变化。作者按照综合标准、基础标准、通用标准和专用标准,对农田建设工程类型划分探讨如下。

(一) 综合标准、基础标准中的工程类型划分

综合标准(即全文强制性标准)、基础标准具有综合性、纲领性、基础性的特点。综合标准和基础标准中的工程划分,应遵循全面性、总体性的原则。经作者研究,应将农田建设工程类型划分为:土地平整与改良工程、灌溉与排水工程、田间道路工程、输配电工程、监测站点工程和农田防护与生态景观工程。由于该划分方式基于全面性和总体性原则,在制定综合性标准(即全文强制性标准)时,章节划分可参照该方式。同时,在制定和完善标准体系时,专用标准部分也可以采用该划分方式。

(二) 农田建设通用标准中的工程类型划分

农田建设通用标准包含规划、设计、评价、管护等标准,制定该类标准时可有针对性地细化工程类型,工程名称应体现不同工作环节标准对象的特征。以设计环节的标准为例,要体现农田设施设计的特征,应在标准中将工程划分为以下类型:一是耕作田块修筑工程,包括耕作田块布置、田块归并与平整、条田、梯田;二是土壤培肥改良工程,包括土壤培肥工程、土壤改良工程、积肥设施;三是灌溉与排水工程,包括蓄水工程、引水工程、农用机井、泵站、灌溉渠道、沟畦灌、管道输水灌溉、喷灌、微灌、排水工程、渠系建筑物;四是农用输配电,包括高压供电线路、低压供电线路、配电变压器、配电装置;五是田间道路工程,包括机耕路、生产路、农桥;六是农田林网工程,包括林网布置、农田林网、低效农田防护林改造、护路林、护渠(沟)林等;七是农田生态防护工程,包括农田防洪、坡面防护、沟道防护、农田防污、生态景观;八是农田监测设施,包括土壤肥力监测、土壤墒情监测、地下水位(质)监测、病虫害监测、安全监测等设施。

(三) 农田建设专用标准中的工程类型划分

专用标准是针对某一具体工程或作为某一通用标准的补充和延伸而制定的专项标准,覆盖面一般不大,如某个范围的安全、卫生、环保要求,某项试验方法,某类应用技术及管理技术等,因此,其工程类型应根据具体内容细分。

第四章

我国农田建设标准体系完善

2016 年实施的《工程建设标准体系（农业工程部分）》包含了农田建设分体系，该体系为指导农田建设标准制修订和管理工作提供了基本依据。但是近年来随着国家标准化工作的改革和政府机构的改革，农田建设标准发生了一些新的变化，标准体系需要随之完善。在此背景下，作者对如何进一步完善农田建设标准体系做了探索。

一、农田建设标准体系现状与趋势

（一）现状

现行农田建设标准体系包含三个层次，第一层次为基础标准，包含术语和制图标准 2 项标准；第二层次为通用标准，包含综合技术、规划、设计、评价、管护等 5 个方面共 7 项标准；第三个层次为专用标准，包含耕作田块修筑、农田灌溉与排水、田间道路、农田生态及水土保持、农田监测与信息化、土壤改良与培肥、农机场库棚等 7 个领域共 24 项标准。标准体系中现行标准 23 项、待编标准 6 项、在编标准 4 项。标准体系对指导农田建设行业标准和地方标准的制修订起到了重要作用，在实施中是动态的，标准的名称、内容和数量均可根据实际需要适时调整。

（二）发展趋势

1. 标准体系向以强制性标准为核心、推荐性标准相配套方向发展

为落实《中共中央关于全面深化改革若干重大问题的决定》《国务院机构改革和职能转变方案》和《国务院关于促进市场公平竞争维护市场正常秩序的若干意见》（国发〔2014〕20 号）关于深化标准化工作改革、加强技术标准体系建设的有关要求，2015 年，国务院印发了《深化标准化工作改革方案》（国发〔2015〕13 号），要求紧紧围绕使市场在资源配置中起决定性作用和更好发挥政府作用，着力解决标准体系不完善、管理体制不顺畅、与社会主义市场经

济发展不适应问题，改革标准体系和标准化管理体制，改进标准制定机制，强化标准的实施与监督，更好发挥标准化在推进国家治理体系和治理能力现代化中的基础性、战略性作用，促进经济持续健康发展和社会全面进步。在此背景下，住房和城乡建设部《关于印发深化工程建设标准化工作改革意见的通知》（建标〔2016〕166 号）提出了：转变政府职能，强化强制性标准，优化推荐性标准，为经济社会发展"兜底线、保基本"。完善标准体系框架，做好各领域、各建设环节标准编制，满足各方需求。加强强制性标准、推荐性标准、团体标准以及各层级标准间的衔接配套和协调管理。到 2025 年要实现如下目标：以强制性标准为核心、推荐性标准和团体标准相配套的标准体系初步建立，标准有效性、先进性、适用性进一步增强，标准国际影响力和贡献力进一步提升。同时，从日本等国家农田建设标准体系经验来看，制定农田工程建设约束力强、有法律效力的强制性标准十分必要。因此，为适应当前发展形势，农田工程建设专业领域也需要逐步形成以强制性标准为核心、推荐性标准相配套的标准体系。

2. 农田标准更加协调配套成为必然且可行

2018 年国家机构改革将国家发展改革委农业投资项目、财政部农业综合开发项目、国土资源部农田整治项目、水利部农田水利建设项目等农田建设项目管理职责整合划入农业农村部，明确农业农村部新设农田建设管理司，履行农田建设和耕地质量管理等职责。通过这次机构改革，改变了农田建设"五牛下田""分散管理"的局面，农田建设管理体制进一步理顺，为解决农田建设资金整合老大难问题奠定了良好基础。在此背景下，整合统一原来由多个部门分头制定的标准将成为必然且可行。此外，现行标准缺少能够指导设计、施工的设施设计标准。借鉴日本经验，制定系统的、具体的、可操作性强的技术规程十分必要，比如，现有农田建设标准体系中所列待编的高标准农田设施设计标准。

二、农田建设标准体系的完善

在现有《工程建设标准体系（农业工程部分）》农田建设标准体系的基础上，综合考虑发展趋势，对农田建设标准体系进行以下三方面完善。

（一）重新划分专用标准的标准化对象，使体系构架更加完善

《工程建设标准体系（农业工程部分）》中，农田建设标准化对象（即农田建设工程）分为 7 类，分别是耕作田块修筑工程、农田灌溉与排水工程、田间道路工程、农田生态及水土保持工程、农田监测与信息化工程、土壤改良与培

肥工程、农机场库棚。农田建设标准体系是农田建设标准的顶层设计，专用标准的标准化对象应根据工程类型划分，且具有全面性、总体性强的特点。按照前述对农田工程类型划分的梳理，对标准体系中专用标准的标准化对象进一步优化确定为：土地平整与改良工程、灌溉与排水工程、田间道路工程、输配电工程、监测站点工程和农田防护与生态景观工程。

（二）将综合标准纳入标准体系框架，突出强制性标准

现有农田建设标准体系的框架从基础标准、通用标准和专用标准三个维度划分，综合标准在标准体系框架中没有体现。现按照住房和城乡建设部关于"逐步建立以强制性标准为核心、推荐性标准和团体标准相配套的标准体系"的标准化工作改革要求，本体系中的综合标准与农田工程全文强制性标准相对应。为了突出强制性标准，特将综合标准（全文强制性标准）编入标准体系框架中，形成综合标准（全文强制性标准）、基础标准、通用标准和专用标准四维结构。

（三）补充和完善标准明细表

1. 变更特征名

按照住房和城乡建设部《关于统一变更工程建设标准特征名称的通知》（建标标函〔2017〕140号）的要求，全文强制性标准特征名为"规范"，其他标准的特征名均为"标准"。将原体系中的强制性标准《农田建设工程技术规范》名称变更为《农田建设项目规范》。将体系中部分待编标准的特征名由规范变为标准，如《高标准农田设施设计规范》调整为《高标准农田设施设计标准》，实现在标准规范名称上可直接区分"强制""推荐"属性的目标。

2. 增列部分标准

一是随着工程建设标准化工作改革，不再区分建设项目标准和技术标准，将《高标准农田建设标准》（NY/T 2148—2012）纳入体系。二是将近期新编制但未在体系表中的国家标准《农田信息监测点选址要求和监测规范》（GB/T 37802—2019）纳入体系。

3. 变更或删减相关标准

依据前文所述，将专用标准的标准化对象进行调整，相应的专用标准也进行更改。将《耕作田块修筑工程技术规范》《农田生态及水土保持技术规范》《农田防护林工程设计规范》《农田土壤墒情监测技术规范》变更为《土地平整与土壤改良技术标准》《农田输配电工程技术标准》《农田防护与生态景观工程技术标准》，同时，结合专用标准工程类型调整，移除《农田信息化技术规范》《农田土壤培肥工程建设技术规范》《全国中低产田类型划分与改良技术规范》

《农机场库棚建设技术规范》等标准。

三、完善后的农田建设标准体系及其特点

(一) 农田建设标准新体系的变化

新体系在原有基础上,增加了以下 3 个内容。

(1) 农田建设专用标准按照农田工程体系进行划分,包括土地平整与改良工程、灌溉与排水工程、田间道路工程、输配电工程、监测站点工程和农田防护与生态景观工程。

(2) 对于与现阶段农田建设不相适宜的、标准内容与其他相关标准重复或矛盾的已编的农田建设相关标准,没有纳入新体系。

(3) 新体系中共列入标准 32 项,比原来减少了 2 项。其中,综合标准 1 项、基础标准 2 项、通用标准 9 项、专用标准 20 项。与原来相比,通用标准增加 2 项,专用标准减少 4 项。

(二) 农田建设标准新体系框架

根据《标准体系构建原则和要求》(GB/T 13016—2018) 及农田建设工程的具体特点,农田建设工程标准体系可以用四维坐标来表示,如图 4-1,其中:综合标准表示农田建设工程的强制性规定,主要围绕使用者需求,从农田

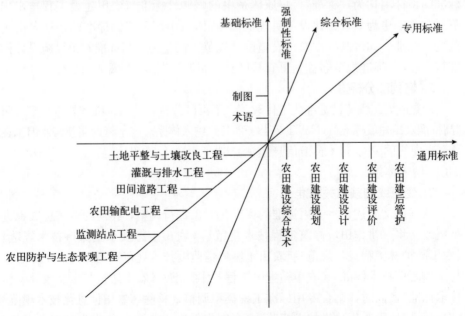

图 4-1 农田建设工程标准体系框架图

建设规模、布局选址、功能、性能和重要基础措施等方面系统构建农田工程项目强制性标准；通用标准表示农田建设的过程，包括规划、设计、评价、建后管护等环节；基础标准主要对农田建设工程范围内涉及的共同事项做的统一规定，包括术语、制图等标准；专用标准表示农田建设工程的类型，包括土地平整与改良工程、灌溉与排水工程、田间道路工程、农田输配电工程、监测站点工程和农田防护与生态景观工程。

（三）农田建设标准新体系标准明细构成

农田建设标准新体系标准明细构成见表4-1至表4-4。

表4-1 ［S1］1.0 综合标准

体系编码	标准名称	现行标准	备注
［S1］1.0.1	**综合标准**		
［S1］1.0.1.1	农田工程项目规范		在编

表4-2 ［S1］1.1 基础标准

体系编码	标准名称	现行标准	备注
［S1］1.1.1	**术语标准**		
［S1］1.1.1.1	农田建设工程术语		在编，包含在农业工程术语标准中
［S1］1.1.2	**制图标准**		
［S1］1.1.2.1	农田建设工程制图标准		待编

表4-3 ［S1］1.2 通用标准

体系编码	标准名称	现行标准	备注
［S1］1.2.1	**农田建设综合技术通用标准**		
［S1］1.2.1.1	高标准农田建设技术规范	NY/T 2949—2016	已编
［S1］1.2.1.2	高标准农田建设通则	GB/T 30600—2014	已编
［S1］1.2.1.3	高标准农田建设标准	NY/T 2148—2012	已编
［S1］1.2.2	**农田建设规划通用标准**		
［S1］1.2.2.1	农田建设规划编制规程	NY/T 2247—2012	已编

（续）

体系编码	标准名称	现行标准	备注
[S1] 1.2.3	**农田建设设计通用标准**		
[S1] 1.2.3.1	高标准农田设施设计标准		在编
[S1] 1.2.4	**农田建设评价通用标准**		
[S1] 1.2.4.1	高标准农田建设评价规范	GB/T 33130—2016	已编
[S1] 1.2.5	**农田建后管护通用标准**		
[S1] 1.2.5.1	高标准农田建后管护标准		待编
[S1] 1.2.5.2	基本农田环境质量保护技术规范	NY/T 1259—2007	已编

表 4-4 [S1] 1.3 专用标准

体系编码	标准名称	现行标准	备注
[S1] 1.3.1	**土地平整与土壤改良工程专用标准**		
[S1] 1.3.1.1	土地平整与土壤改良技术标准		待编
[S1] 1.3.2	**灌溉与排水工程专用标准**		
[S1] 1.3.2.1	农田水利规划导则	SL 462—2012	已编
[S1] 1.3.2.2	灌溉与排水工程设计规范	GB 50288—1999	已编
[S1] 1.3.2.3	灌溉与排水工程技术管理规程	SL/T 246—1999	已编
[S1] 1.3.2.4	灌溉与排水渠系建筑物设计规范	SL 482—2011	已编
[S1] 1.3.2.5	农田低压管道输水灌溉工程技术规范	GB/T 20203—2006	已编
[S1] 1.3.2.6	节水灌溉工程技术规范	GB/T 50363—2006	已编
[S1] 1.3.2.7	节水灌溉项目后评价规范	GB/T 30949—2014	已编
[S1] 1.3.2.8	喷灌工程技术规范	GB/T 50085—2007	已编
[S1] 1.3.2.9	微灌工程技术规范	GB/T 50485—2009	已编
[S1] 1.3.2.10	喷灌与微灌工程技术管理规程	SL 236—1999	已编
[S1] 1.3.2.11	地面灌溉工程技术管理规范	SL 558—2011	已编
[S1] 1.3.2.12	城市污水再生回灌农田安全技术规范	GB/T 22103—2008	已编
[S1] 1.3.2.13	农田排水工程技术规范	SL/T 4—1999	已编
[S1] 1.3.2.14	渠道防渗工程技术规范	GB/T 50600—2010	已编
[S1] 1.3.2.15	衬砌与防渗渠道工程技术管理规程	SL 599—2013	已编
[S1] 1.3.3	**田间道路工程专用标准**		
[S1] 1.3.3.1	农业机械田间行走道路技术规范	NY/T 2194—2012	已编

（续）

体系编码	标准名称	现行标准	备注
[S1] 1.3.4	**农田输配电工程专用标准**		
[S1] 1.3.4.1	农田输配电工程技术标准		待编
[S1] 1.3.5	**监测站点工程专用标准**		
[S1] 1.3.5.1	农田信息监测点的选址要求和监测规范	GB/T 37802—2019	已编
[S1] 1.3.6	**农田防护与生态景观工程专用标准**		
[S1] 1.3.6.1	农田防护与生态景观工程技术标准		待编

（四）农田建设标准新体系标准项目说明

[S1] 1.0.1　综合标准

[S1] 1.0.1.1　《农田工程项目规范》

本规范主要内容涉及质量、安全、卫生和公众利益等方面的目标要求或为达到这些目标而必需的技术要求及管理要求。它对该专业的各层次标准均具有制约和指导作用，是全文强制性标准。

属性词：现代农业、高标准农田建设

[S1] 1.1.1　术语标准

[S1] 1.1.1.1　《农田建设工程术语》

为满足我国农田基本建设需要，合理地统一我国农田基本建设工程术语，实现专业术语标准化，以利于该领域国内外技术合作与交流，特制定本标准。本标准适用于农田建设工程的规划、设计、施工、竣工验收、运行管理和评价等方面。本标准与《农业建设项目通用术语》（NY/T 1719—2009）不同，《农业建设项目通用术语》（NY/T 1719—2009）涵盖范围广，且没有具体阐述田间单项工程。

属性词：现代农业、高标准农田建设

[S1] 1.1.2　制图标准

[S1] 1.1.2.1　《农田建设工程制图标准》

为实现农田建设工程制图标准化，以满足勘测、设计、施工、竣工验收、管理和存档等的要求，特制定本标准。本标准适用于农田建设工程各专业的各设计阶段工程图样或图件的绘制。农田建设工程图样或图件应能准确表达设计意图或实际情况，并应保证图面质量。

属性词：现代农业、高标准农田建设

[S1] 1.2.1　农田建设综合技术通用标准

[S1] 1.2.1.1　《高标准农田建设技术规范》

本规范规定了高标准农田建设在规划、设计、施工、验收、管理、监测和评价等各阶段的技术要求。本规范适用于全国范围内开展的高标准农田建设活动。

属性词：现代农业、高标准农田建设

[S1] 1.2.1.2 《高标准农田建设通则》

本通则规定了高标准农田建设的基本原则、建设区域选择、建设内容与技术要求、管理要求、监测与评价、建后管护与利用等。本标准适用于全国范围内开展的高标准农田建设活动。

属性词：现代农业、高标准农田建设

[S1] 1.2.1.3 《高标准农田建设标准》

为规范全国高标准农田建设，提高农田综合生产能力，提高工程建设投资效益，制定本标准。本标准规定了高标准农田建设术语、区域划分、农田综合生产能力、高标准农田建设内容、田间工程、选址条件和投资估算等方面的内容。本标准适用于高标准农田项目的规划、建议书、可行性研究报告和初步设计等文件的编制以及项目的评估、建设、检查和验收。

属性词：现代农业、高标准农田建设

[S1] 1.2.2 农田建设规划通用标准

[S1] 1.2.2.1 《农田建设规划编制规程》

本规程规定了农田建设规划编制的要求、内容、编制准备工作、成果的提交和规划报批。本规程适用于全国省、市、县、乡各级行政单位的农田建设规划的编制。

属性词：现代农业、高标准农田建设

[S1] 1.2.3 农田建设设计通用标准

[S1] 1.2.3.1 《高标准农田设施设计标准》

为满足我国高标准农田建设的需要，提高工程建设质量，统一设计要求和方法，保证工程安全、节能环保，充分发挥工程综合效益，制定本标准。本标准适用于高标准农田的耕作田块修筑、土壤培肥改良、灌溉与排水、田间道路、农田林网、农田生态防护及农田监测等工程设施的设计。

属性词：现代农业、高标准农田建设

[S1] 1.2.4 农田建设评价通用标准

[S1] 1.2.4.1 《高标准农田建设评价规范》

本规范适用于全国范围内高标准农田建设的评价工作。主要技术内容包括：围绕《全国高标准农田建设总体规划》提出的建设内容和标准，明确评价方法，提出质量检验和成效总结的评价内容，构建相关评价指标，明确评价成果。

属性词：现代农业、高标准农田建设

[S1] 1.2.5 农田建后管护通用标准

[S1] 1.2.5.1 《高标准农田建后管护标准》

建后管护是确保建成的高标准农田长久发挥效益的关键。本标准适用于全国范围内高标准农田建后管护工作。主要技术内容：通过明确管护责任、完善管护机制、健全管护措施，提出建后管护的主要技术内容，确保建成的高标准农田数量不减少、用途不改变、质量有提高。

属性词：现代农业、高标准农田建设

[S1] 1.2.5.2 《基本农田环境质量保护技术规范》

本规范规定了基本农田环境质量保护规划编制的原则、编制大纲，基本农田环境质量保护的内容，基本农田环境污染事故调查与分析，基本农田环境质量影响评价，基本农田环境质量现状监测与评价以及基本农田环境质量状况及发展趋势报告书编写等。本规范适用于基本农田环境质量保护。

属性词：现代农业、高标准农田建设

[S1] 1.3.1 土地平整与土壤改良工程专用标准

[S1] 1.3.1.1 《土地平整与土壤改良技术标准》

本标准主要对耕作田块修筑、土壤改良等进行规定。本标准适用于基本农田土地平整与土壤改良。

属性词：现代农业、高标准农田建设

[S1] 1.3.2 灌溉与排水工程专用标准

[S1] 1.3.2.1 《农田水利规划导则》

本规范对农田水利规划的任务、规划原则、规划成果和审批程序做了明确的规定。对水资源评价以及开发利用与保护规划的内容和规划方法，不同类型地区的规划要点和规划原则，防洪、灌溉、排涝、治渍、盐碱地防治等专项规划的任务、规划标准、规划原则和相关的分析计算方法，原有农田水利工程的续建配套和更新改造规划的任务和规划方法，农田水利工程环境影响评价的范围和时段，农田水利工程经济评价的内容和分析计算方法等都做了必要的规定，提出了具体的要求。为保证农田水利规划的顺利实施和农田水利工程的高效运行，对建设资金筹措、工程管理运营等经济技术环节也提出了具体要求。

属性词：现代农业、高标准农田建设、农田水利

[S1] 1.3.2.2 《灌溉与排水工程设计规范》

为统一灌溉与排水工程设计要求，提高工程设计质量，保证工程安全，节水节地，降低能耗，保护水环境，合理利用水土资源，充分发挥工程综合效益，制定本规范。本规范包括了总则、工程等级划分、设计标准、总体设计、蓄水引水和提水工程、灌溉输配水系统、排水系统、田间工程、灌排建筑物、

喷灌和微灌系统、环境监测与保护、附属工程设施等内容。本规范适用于新建、扩建和改建的灌溉与排水工程设计。

属性词：现代农业、高标准农田建设、农田水利

[S1] 1.3.2.3 《灌溉与排水工程技术管理规程》

本规程内容包括总则、工程管理、设备管理、用水与排水管理、档案、通信与信息系统管理、经营管理和水土资源保护。本规程适用于各种类型的灌溉与排水工程的技术管理。

属性词：现代农业、高标准农田建设、农田水利

[S1] 1.3.2.4 《灌溉与排水渠系建筑物设计规范》

本规范适用于非航运灌溉渠道与排水沟道上新建、扩建的大中型渠系建筑物设计，加固、改建的渠系建筑物设计可参考使用。主要内容包括总则、术语与符号、建筑物级别划分和洪水标准、基本规定、渡槽、倒虹吸管、涵洞、水闸、跌水与陡坡、排洪建筑物等。

属性词：现代农业、高标准农田建设、农田水利

[S1] 1.3.2.5 《农田低压管道输水灌溉工程技术规范》

本规范规定了农田低压管道输水灌溉工程的规划、设计、管材与设备的选择和安装、工程施工、验收、运行及维护等的技术要求。本规范界定了农田低压管道输水灌溉工程使用的术语。本规范适用于井灌区以及泵站扬水灌区和丘陵山区自流灌区中，每个系统控制面积不大于 80 hm² 的农田低压管道输水灌溉工程的建设与管理。系统控制面积大于 80 hm² 的工程可参照执行。

属性词：现代农业、高标准农田建设、农田水利

[S1] 1.3.2.6 《节水灌溉工程技术规范》

为了使节水灌溉工程建设管理技术可行，经济合理，促进节水灌溉事业和经济社会可持续发展，制定本规范。本规范适用于新建、扩建或改建的农业、林业、牧业等节水灌溉工程的规划、设计、施工、验收、管理和评价。

属性词：现代农业、高标准农田建设、农田水利

[S1] 1.3.2.7 《节水灌溉项目后评价规范》

本规范规定了节水灌溉项目后评价对评价组织、评价资料的要求，以及对过程评价、经济评价、影响评价、目标与可持续性评价、综合评价和评价报告的内容和要求。本规范适用于政府投资的节水灌溉项目后评价工作。

属性词：现代农业、高标准农田建设、农田水利

[S1] 1.3.2.8 《喷灌工程技术规范》

为统一喷灌工程设计和施工要求，提高工程建设质量，吸收喷灌科学技术发展的成果和经验，促进节水灌溉事业健康发展，制定本规范。本规范适用于新建、扩建和改建的农业、林业、牧业及园林绿地等喷灌工程的设计、施工、

安装及验收。

属性词：现代农业、高标准农田建设、农田水利

[S1] 1.3.2.9 《微灌工程技术规范》

为统一技术要求，保证微灌工程建设质量，促进节水灌溉事业健康发展，做到技术先进、经济合理和运行可靠，制定本规范。本规范适用于新建、扩建或改建的微灌工程的规划、设计、施工、安装及验收。本规范主要内容有总则、术语和符号、微灌工程规划、微灌技术参数、微灌系统水力设计、工程设施配套与设备选择、工程施工、设备安装、管道水压试验和系统试运行、工程验收等。

属性词：现代农业、高标准农田建设、农田水利

[S1] 1.3.2.10 《喷灌与微灌工程技术管理规程》

为提高喷灌与微灌工程技术管理水平，节约用水，降低能耗，保证工程安全运行，充分发挥工程效益，特制定本规程。本规程适用于喷灌与微灌工程的管理、设备运行和维护保养、用水管理与田间测试以及技术经济后评价等。喷灌与微灌工程必须建立技术档案，内容应包括设计、施工及验收文件，设备技术资料，用水计划和作业记录，设备、工程维护保养情况，重大事故原因分析及处理结果，主要技术经济指标分析资料等。

属性词：现代农业、高标准农田建设、农田水利

[S1] 1.3.2.11 《地面灌溉工程技术管理规范》

为规范地面灌溉工程管理中的技术要求，提高地面灌溉技术水平，节约用水，保护水土资源，充分发挥工程效益，制定本规范。本规范适用于地面灌溉的工程管理、灌水技术管理及用水管理。本规范中的地面灌溉系统指田间工程，渠灌区包括斗口以下，井灌区包括给水栓以下。

属性词：现代农业、高标准农田建设、农田水利

[S1] 1.3.2.12 《城市污水再生回灌农田安全技术规范》

本规范规定了城市再生水用于灌溉农田的水质要求、规划要求、具体使用、控制原则、监测及环境影响评价。本规范适用于以城市再生水为水源的农田灌溉区。

属性词：现代农业、高标准农田建设、农田水利

[S1] 1.3.2.13 《农田排水工程技术规范》

为正确应用农田排水技术，防治涝、渍和土壤盐碱化，保证工程质量，节省工程费用，提高工程效益，改善生态环境，促进农业持续发展，制定本规范。本规范适用于新建、扩建和改建的农田排水工程的规划、设计、施工和管理。

属性词：现代农业、高标准农田建设、农田水利

［S1］1.3.2.14 《渠道防渗工程技术规范》

为统一渠道防渗工程的技术标准，提高建设质量、管理水平和输水效率，充分发挥工程效益，制定本规范。本规范适用于农田灌溉、发电引水、供水等渠道防渗工程的设计、施工、测验和管理。

属性词：现代农业、高标准农田建设、农田水利

［S1］1.3.2.15 《衬砌与防渗渠道工程技术管理规程》

为规范衬砌与防渗渠道工程技术管理工作，明确衬砌与防渗渠道技术管理的主要内容和技术要求，保障衬砌与防渗渠道工程安全运行，发挥工程应有效益，提高渠道水利用系数，制定本规程。本规程适用于已建成的各类衬砌与防渗骨干渠道工程管理。

属性词：现代农业、高标准农田建设、农田水利

［S1］1.3.3 田间道路工程专用标准

［S1］1.3.3.1 《农业机械田间行走道路技术规范》

本规范规定了农业机械田间行走道路的术语和定义、技术要求、检验和评定规则。本规范适用于农业机械田间行走道路（以下简称田间道路）的建设。

属性词：现代农业、高标准农田建设、田间道路

［S1］1.3.4 农田输配电工程专用标准

［S1］1.3.4.1 《农田输配电工程技术标准》

本标准规定了农田建设所涉及农田输配电建设的配电线路工程、配电装置工程、通信自动化、防雷及接地、电能质量与无功补偿、验收等要求。本标准适用于全国农田建设所涉农田输配电建设。

属性词：现代农业、高标准农田建设、农田生态

［S1］1.3.5 监测站点工程专用标准

［S1］1.3.5.1 《农田信息监测点选址要求和监测规范》

本标准规定了农田信息监测点的选址要求和监测规范。本标准适用于以科学研究、生产管理和生产服务为目的的农田监测点的选址、布设以及农田环境信息和作物生长信息的采集等。

属性词：现代农业、高标准农田建设、信息化

［S1］1.3.6 农田防护与生态景观工程专用标准

［S1］1.3.6.1 《农田防护与生态景观工程技术标准》

本标准规定了农田防护与生态景观的标准、内容、方法、成果等的基本要求和工程设计的原则、内容及技术要求。本标准适用于农田建设工程农田防护与生态景观的规划、设计等。

属性词：现代农业、高标准农田建设

第五章

我国农田建设强制性标准探讨

一、作用意义

2015 年，国务院印发了《深化标准化工作改革方案》，要求将强制性国家标准严格限定在保障人身健康和生命财产安全、国家安全、生态环境安全和满足社会经济管理基本要求的范围之内，逐步整合强制性国家、行业和地方标准，形成统一的强制性国家标准体系。2016 年，国家工程建设标准化主管部门住房和城乡建设部印发了《关于深化工程建设标准化工作改革的意见》（建标〔2016〕166 号），要求加快制定全文强制性标准，逐步用全文强制性标准取代现行标准中分散的强制性条文。2016—2017 年，住房和城乡建设部组织各行业开展工程建设强制性标准体系研究编制工作，初步确定了强制性标准体系的构成，农田工程建设全文强制性标准成为农田建设标准体系的重要内容。按照 2017 年住房和城乡建设部印发的《关于统一变更工程建设标准特征名称的通知》（建标标函〔2017〕140 号）关于将全文强制性标准特征名确定为"规范"的要求，该农田工程建设全文强制性标准因此定名为《农田工程项目规范》。该规范的研究编制有利于强化农田工程建设项目管理手段，是推进政府标准化管理职能转变的重要举措。

二、研究编制要求

2017 年，住房和城乡建设部《关于印发 2018 年工程建设规范和标准编制及相关工作计划》（建标函〔2017〕306 号）启动了由农业部作为主编部门的《农田工程项目规范》等 6 项标准研编任务。农业部发展计划司印发了《关于请组织做好有关工程建设标准编制工作的函》（农计（投资）〔2017〕188 号），要求中国工程建设标准化协会农业工程分会做好各项规范研究编制的组织管理工作，保证各项规范编制工作顺利开展，及早发挥对农业现代化建设的技术支撑作用。

为做好工程建设规范研编工作，推动工程建设体制改革，2018 年，住房和城乡建设部标准定额司印发了《工程建设规范研编工作指南》，对工程建设规范做了细化要求。主要内容介绍如下。

工程规范是政府及其部门依法治理、依法履职的技术依据，是全社会必须遵守的强制性技术规定。工程规范内容是工程建设的基本指南和底线要求，应严格限定在工程建设领域涉及保障人民生命财产安全、人身健康、工程质量安全、生态环境安全、公众权益和公共利益以及促进能源资源节约利用、满足国家经济建设和社会发展的范围内，并应以现行强制性条文为基础，严格控制新增强制性条款。工程规范应覆盖工程项目的立项、建设、改造、维修、拆除等全周期。工程规范为工程项目类（以下简称"项目规范"）和技术通用类（以下简称"通用规范"）。工程规范研编，应以工程项目为对象，以总量规模、规划布局以及工程项目的功能、性能和关键技术要求等为主要内容。

研编工作重点研究以下内容：一是国家相关法律法规、政策措施对项目建设的要求，包括公共安全、环保、节能等。二是项目规范涉及的总量规模、规划布局以及工程项目功能、性能、关键技术要求和指标等；通用规范对项目类规范规定的功能、性能进行细化的通用技术要求和指标等。三是现行相关工程建设标准及强制性条文分析，突出现行强制性条文的覆盖范围、可行性、可操作性研究。四是国外相关法规、规范、标准研究，全面分析法规、规范、标准的构成要素、术语内涵、各项技术指标与我国的差异等。

起草工程规范草案时，要合理编排章节层次结构。项目规范第一章为总则；第二章为基本指南，包括对该工程项目建设和本规范各章综合性的规定；以下各章原则上按项目构成或工作系统构成编排。每一章的内容，必须要考虑总量规模、规划布局、功能、性能以及技术要求和指标等五大内容要求，并在工程建设各环节落实。各章中的节可按本章细分的小项构成或工作分系统编排。

三、编制全文强制性标准的基础

根据工程建设规范研究编制要求，现有分散在各标准中的强制性条文和法规政策条款是编制全文强制性标准的重要基础。对现有分散在农田建设相关标准中的强制性条文和法规政策条款梳理如下。

（一）工程建设标准及强制性条文情况梳理

国内已颁布的农田建设相关标准中含有强制性条文的标准较少。强制性条文内容主要集中在农田灌溉与排水领域，包括《农田水利规划导则》（SL 462—2012）、《灌溉与排水渠系建筑物设计规范》（SL 482—2011）、《喷灌与微灌工程技术管理规程》（SL 236—1999）、《地面灌溉工程技术管理规范》（SL 558—2011）、《衬砌与防渗渠道工程技术管理规程》（SL 599—2013）等。此外，部分推荐性标准中引用的强制性标准包括农田防护与生态保护领域的《开发建设项目水土保持方案技术规范》（GB 50433—2008）、《水土保持工程设计规范》（GB 51018—2014）等。农田建设的其他领域，如土地平整、土壤改良与培肥、田间道路、农田输配电、农田面源污染综合治理、耕地质量检测机构、农业环境野外定位监测点等，尚未制定强制性标准。鉴于强制性标准重点涉及人身安全、环境保护、项目管理等方面，作者就从这几方面对现有标准中的强制性条款梳理如下。

1. 涉及人身安全类强制性条款

（1）对工程作业的劳动安全规定。《农田排水工程技术规范》（SL 4—2013）对明沟工程开挖做出强制性规定："挖掘机等机械在电力架空线下作业时应保持规定的安全距离或采取安全措施。"本条款是为确保人身安全必须采取的相应措施。

（2）对渠系建筑物设计中涉及劳动安全的规定。《灌溉与排水渠系建筑物设计规范》（SL 482—2011）对渠系建筑物、挖空灌注桩、倒虹吸等做了强制性规定：一是"在渠系建筑物的水深、流急、高差大等开敞部位，以及临近高压线、重要管线及有毒有害物质等位置，应针对具体情况分别采取留足安全距离、设置防护隔离设施或醒目的警示牌等安全措施"；二是"挖孔灌注桩仅应用于桩孔直径大于80 cm且井壁不会发生塌孔伤人现象的地基，施工中井口应采用周密的安全防护措施"；三是"倒虹吸管侧旁应设置检修通道和两岸坡上的人行台阶，高水头倒虹吸管的两岸坡人行台阶和桥式倒虹段的两侧，以及水深较大的进口、出口、压力水池周围均应设置安全围栏及安全警示牌"。《灌溉与排水工程设计标准》（GB 50288—2018）在两方面做了规定：一是"1级～4级渠（沟）道和渠道设计水深大于1.5 m的5级渠道跌水、倒虹吸、渡槽、隧洞等主要建筑物进、出口及穿越人口聚居区应设置安全警示牌、防护栏杆等防护设施"；二是"设置踏步或人行道的渡槽、水闸等建筑物，应设防护栏杆，建筑物进人孔、闸孔、检修井等位置，应设安全井盖"。因为历年来全国灌区输水渠道落水事故时有发生，必须从工程建设的源头采取有效的安全措施。2018年最新修编专设此节内容，从渠道和建筑物的安全防护措施到救助措施提出了要求，设计中应给予重视。救生踏步设计应便于落水者逃生，并能防止非管理人员下渠。

（3）对农业生产劳动安全的规定。《农田水利规划导则》（SJ 462—2012）

对血防措施做了强制性规定，主要内容为："在血吸虫疫病区及其可能扩散影响的毗邻地区，农田水利规划应包括水利血防措施规划。一是从有钉螺水域饮水的涵闸、泵站，应设置沉螺池等防螺工程措施。二是在堤防工程规划中，堤身应设防螺平台、洼地；堤防临湖滩地的宽度大于 200 m 时，应在堤防管理范围以外，设置防螺隔离沟。三是灌溉渠道应因地制宜地选用渠道硬化、暗渠、暗管、在上下级渠道衔接处设沉螺池等工程措施。四是应结合沟、渠、路、林配套及平整土地，严埋螺土，并配以灭螺药物，消灭钉螺。五是饮水工程应选择无螺的地表水或地下水作为水源，宜采用管道输水工程。"该条文说明为："水利血防措施是血吸虫病综合防治措施体系的重要组成部分，在血吸虫病流行地区及其毗邻地区，农田水利规划应包括水利血防措施规划。水利防螺、灭螺工程的规划要求和设计方法应执行《水利血防积水规范》（SL—2011）中的有关规定。"

2. 涉及环境保护类强制性条款

《环境影响评价技术导则水利水电工程》（HJ/T 88—2003）中，土壤环境保护措施"一是工程引起土壤潜育化、沼泽化、盐渍化、土地沙化，应提出工程、生物和监测管理措施。二是清淤底泥对土壤造成污染，应采取工程、生物、监测与管理措施。"

3. 涉及项目管理等强制性条款

农田工程的重要部位和隐蔽工程施工验收要求在相关标准中有强制性要求，《灌区改造技术规范》（GB 50599—2010）规定了"对隐蔽工程，必须在施工期间进行验收，并应在合格后再进入下一道工序施工"。因为隐蔽工程在隐蔽前，应由施工单位通知有关单位进行验收，并形成验收文件。隐蔽工程的施工质量验收应按规定的程序和要求进行，即施工单位必须先进行自检，包括施工班组自检和专业质量管理人员的检查，自检合格后，开具"隐蔽工程验收单"，提前 24 h 或按合同规定通知驻场监理工程师按时到场进行全面质量检查，并共同验收签证。必要时或合同有规定时应按同样的时间要求，提前约请工程设计单位参与验收。《农田排水工程技术规范》（SL 4—2013）第 5.0.4 条规定：农田排水工程的重要部位和隐蔽部位应在施工期间进行验收，并填写验收记录。验收合格后，才能进行下一阶段的工程施工。

（二）相关法规政策情况

《农产品质量安全法》《中华人民共和国土地管理法》《基本农田保护条例》《土地复垦条例》《中华人民共和国土壤污染防治法》《中华人民共和国水土保持法》《中华人民共和国农业法》《农用地土壤环境管理办法（试行）》《中共中央国务院关于加强耕地保护和改进占补平衡的意见》（中发〔2017〕4 号）、

《国务院关于印发土壤污染防治行动计划的通知》(国发〔2016〕31 号)、《农作物病虫害防治条例》等一系列法律法规和规章对农产品安全、基本农田保护、耕地建设、农田工程项目等进行了规定。参见表 5-1。

表 5-1 有关法律法规和政策中的相关条款

序号	法规或政策文件名称	条款	条款内容
1	中华人民共和国农业法	第十九条	各级人民政府和农业生产经营组织应当加强农田水利设施建设,建立健全农田水利设施的管理制度,节约用水,发展节水型农业,严格依法控制非农业建设占用灌溉水源,禁止任何组织和个人非法占用或者毁损农田水利设施。国家对缺水地区发展节水型农业给予重点扶持。
2	农产品质量安全法	第十五条	县级以上地方人民政府农业行政主管部门按照保障农产品质量安全的要求,根据农产品品种特性和生产区域大气、土壤、水体中有毒有害物质状况等因素,认为不适宜特定农产品生产的,提出禁止生产的区域,报本级人民政府批准后公布。具体办法由国务院农业行政主管部门商国务院生态环境主管部门制定。农产品禁止生产区域的调整,依照前款规定的程序办理。
3		第十七条	禁止在有毒有害物质超过规定标准的区域生产、捕捞、采集食用农产品和建立农产品生产基地。
4	基本农田保护条例	第三条	基本农田保护实行全面规划、合理利用、用养结合、严格保护的方针。
5		第五条	任何单位和个人都有保护基本农田的义务,并有权检举、控告侵占、破坏基本农田和其他违反本条例的行为。
6		第八条	各级人民政府在编制土地利用总体规划时,应当将基本农田保护作为规划的一项内容,明确基本农田保护的布局安排、数量指标和质量要求。县级和乡(镇)土地利用总体规划应当确定基本农田保护区。
7		第十条	下列耕地应当划入基本农田保护区,严格管理: (一)经国务院有关主管部门或者县级以上地方人民政府批准确定的粮、棉、油生产基地内的耕地; (二)有良好的水利与水土保持设施的耕地,正在实施改造计划以及可以改造的中、低产田; (三)蔬菜生产基地; (四)农业科研、教学试验田。
8		第十五条	基本农田保护区经依法划定后,任何单位和个人不得改变或者占用。国家能源、交通、水利、军事设施等重点建设项目选址确实无法避开基本农田保护区,需要占用基本农田,涉及农用地转用或者征用土地的,必须经国务院批准。

（续）

序号	法规或政策文件名称	条款	条款内容
9	基本农田保护条例	第十六条	经国务院批准占用基本农田的，当地人民政府应当按照国务院的批准文件修改土地利用总体规划，并补充划入数量和质量相当的基本农田。占用单位应当按照占多少、垦多少的原则，负责开垦与所占基本农田的数量与质量相当的耕地；没有条件开垦或者开垦的耕地不符合要求的，应当按照省、自治区、直辖市的规定缴纳耕地开垦费，专款用于开垦新的耕地。占用基本农田的单位应当按照县级以上地方人民政府的要求，将所占用基本农田耕作层的土壤用于新开垦耕地、劣质地或者其他耕地的土壤改良。
10		第十七条	禁止任何单位和个人在基本农田保护区内建窑、建房、建坟、挖砂、采石、采矿、取土、堆放固体废弃物或者进行其他破坏基本农田的活动。禁止任何单位和个人占用基本农田发展林果业和挖塘养鱼。
11		第二十二条	县级以上地方各级人民政府农业行政主管部门应当逐步建立基本农田地力与施肥效益长期定位监测网点，定期向本级人民政府提出基本农田地力变化状况报告以及相应的地力保护措施，并为农业生产者提供施肥指导服务。
12	农田水利条例	第二十三条	禁止危害农田水利工程设施的下列行为： （一）侵占、损毁农田水利工程设施； （二）危害农田水利工程设施安全的爆破、打井、采石、取土等活动； （三）堆放阻碍蓄水、输水、排水的物体； （四）建设妨碍蓄水、输水、排水的建筑物和构筑物； （五）向塘坝、沟渠排放污水、倾倒垃圾以及其他废弃物。
13		第二十四条	任何单位和个人不得擅自占用农业灌溉水源、农田水利工程设施。 新建、改建、扩建建设工程确需占用农业灌溉水源、农田水利工程设施的，应当与取用水的单位、个人或者农田水利工程所有权人协商，并报经有管辖权的县级以上地方人民政府水行政主管部门同意。 占用者应当建设与被占用的农田水利工程设施效益和功能相当的替代工程；不具备建设替代工程条件的，应当按照建设替代工程的总投资额支付占用补偿费；造成运行成本增加等其他损失的，应当依法给予补偿。补偿标准由省、自治区、直辖市制定。
14		第二十五条	农田水利工程设施因超过设计使用年限、灌溉排水功能基本丧失或者严重毁坏而无法继续使用的，工程所有权人或者管理单位应当按照有关规定及时处置，消除安全隐患，并将相关情况告知县级以上地方人民政府水行政主管部门。

（续）

序号	法规或政策文件名称	条款	条款内容
15	土地复垦条例	第四条	生产建设活动应当节约集约利用土地，不占或者少占耕地；对依法占用的土地应当采取有效措施，减少土地损毁面积，降低土地损毁程度。 土地复垦应当坚持科学规划、因地制宜、综合治理、经济可行、合理利用的原则。复垦的土地应当优先用于农业。
16		第六条	编制土地复垦方案、实施土地复垦工程、进行土地复垦验收等活动，应当遵守土地复垦国家标准；没有国家标准的，应当遵守土地复垦行业标准。 制定土地复垦国家标准和行业标准，应当根据土地损毁的类型、程度、自然地理条件和复垦的可行性等因素，分类确定不同类型损毁土地的复垦方式、目标和要求等。
17	基本农田与土地整理标识使用和有关标志牌设立规定	三	"基本农田标识"主要用于基本农田保护区标志牌和基本农田保护界桩；"土地整理标识"主要用于土地开发整理复垦项目标志牌、农田水利设施（水闸、泵站、水渠）等。两种标识还可在有关管理资料、宣传品、相关用品上使用。
18		五	每个基本农田保护区应立基本农田保护区标志牌，铁路、公路等交通沿线和城镇、村庄周边的显著位置应增设基本农田保护区标志牌；每个土地开发整理复垦项目区均应设立土地开发整理复垦项目标志牌。
19	中华人民共和国水土保持法	第二十条	禁止在二十五度以上陡坡地开垦种植农作物。在二十五度以上陡坡地种植经济林的，应当科学选择树种，合理确定规模，采取水土保持措施，防止造成水土流失。 省、自治区、直辖市根据本行政区域的实际情况，可以规定小于二十五度的禁止开垦坡度。禁止开垦的陡坡地的范围由当地县级人民政府划定并公告。
20		第二十四条	生产建设项目选址、选线应当避让水土流失重点预防区和重点治理区；无法避让的，应当提高防治标准，优化施工工艺，减少地表扰动和植被损坏范围，有效控制可能造成的水土流失。

（续）

序号	法规或政策文件名称	条款	条款内容
21	中华人民共和国水土保持法	第二十五条	在山区、丘陵区、风沙区以及水土保持规划确定的容易发生水土流失的其他区域开办可能造成水土流失的生产建设项目，生产建设单位应当编制水土保持方案，报县级以上人民政府水行政主管部门审批，并按照经批准的水土保持方案，采取水土流失预防和治理措施。没有能力编制水土保持方案的，应当委托具备相应技术条件的机构编制。 水土保持方案应当包括水土流失预防和治理的范围、目标、措施和投资等内容。 水土保持方案经批准后，生产建设项目的地点、规模发生重大变化的，应当补充或者修改水土保持方案并报原审批机关批准。水土保持方案实施过程中，水土保持措施需要作出重大变更的，应当经原审批机关批准。 生产建设项目水土保持方案的编制和审批办法，由国务院水行政主管部门制定。
22		第三十条	国家加强水土流失重点预防区和重点治理区的坡耕地改梯田、淤地坝等水土保持重点工程建设，加大生态修复力度。 县级以上人民政府水行政主管部门应当加强对水土保持重点工程的建设管理，建立和完善运行管护制度。
23		第三十七条	已在禁止开垦的陡坡地上开垦种植农作物的，应当按照国家有关规定退耕，植树种草；耕地短缺、退耕确有困难的，应当修建梯田或者采取其他水土保持措施。 在禁止开垦坡度以下的坡耕地上开垦种植农作物的，应当根据不同情况，采取修建梯田、坡面水系整治、蓄水保土耕作或者退耕等措施。
24		第三十八条	对生产建设活动所占用土地的地表土应当进行分层剥离、保存和利用，做到土石方挖填平衡，减少地表扰动范围。
25	中华人民共和国水土保持法实施条例	第二条	一切单位和个人都有权对有下列破坏水土资源、造成水土流失的行为之一的单位和个人，向县级以上人民政府水行政主管部门或者其他有关部门进行检举： （一）违法毁林或者毁草场开荒，破坏植被的； （二）违法开垦荒坡地的； （三）向江河、湖泊、水库和专门存放地以外的沟渠倾倒废弃沙、石、土或者尾矿废渣的； （四）破坏水土保持设施的； （五）有破坏水土资源、造成水土流失的其他行为的。

（续）

序号	法规或政策文件名称	条款	条款内容
26		第八条	排放污染物的企业事业单位和其他生产经营者应当采取有效措施，确保废水、废气排放和固体废物处理、处置符合国家有关规定要求，防止对周边农用地土壤造成污染。 从事固体废物和化学品储存、运输、处置的企业，应当采取措施防止固体废物和化学品的泄露、渗漏、遗撒、扬散污染农用地。
27		第十条	从事规模化畜禽养殖和农产品加工的单位和个人，应当按照相关规范要求，确定废物无害化处理方式和消纳场地。 县级以上地方环境保护主管部门、农业主管部门应当依据法定职责加强畜禽养殖污染防治工作，指导畜禽养殖废弃物综合利用，防止畜禽养殖活动对农用地土壤环境造成污染。
28	农用地土壤环境管理办法（试行）	第十二条	禁止在农用地排放、倾倒、使用污泥、清淤底泥、尾矿（渣）等可能对土壤造成污染的固体废物。 农田灌溉用水应当符合相应的水质标准，防止污染土壤、地下水和农产品。禁止向农田灌溉渠道排放工业废水或者医疗污水。向农田灌溉渠道排放城镇污水以及未综合利用的畜禽养殖废水、农产品加工废水的，应当保证其下游最近的灌溉取水点的水质符合农田灌溉水质标准。
29		第十七条	县级以上地方农业主管部门应当根据永久基本农田划定工作要求，积极配合相关部门将符合条件的优先保护类耕地划为永久基本农田，纳入粮食生产功能区和重要农产品生产保护区建设，实行严格保护，确保其面积不减少，耕地污染程度不上升。在优先保护类耕地集中的地区，优先开展高标准农田建设。
30	农作物病虫害防治条例	第十三条	任何单位和个人不得侵占、损毁、拆除、擅自移动农作物病虫害监测设施设备，或者以其他方式妨害农作物病虫害监测设施设备正常运行。新建、改建、扩建建设工程应当避开农作物病虫害监测设施设备；确实无法避开、需要拆除农作物病虫害监测设施设备的，应当由县级以上人民政府农业农村主管部门按照有关技术要求组织迁建，迁建费用由建设单位承担。农作物病虫害监测设施设备毁损的，县级以上人民政府农业农村主管部门应当及时组织修复或者重新建设。

1. 《农产品质量安全法》相关条款

该法规对农产品产地安全提出了要求。第十五条：县级以上地方人民政府农业行政主管部门按照保障农产品质量安全的要求，根据农产品品种特性和生产区域大气、土壤、水体中有毒有害物质状况等因素，认为不适宜特定农产品生产的，提出禁止生产的区域，报本级人民政府批准后公布。第十七条：禁止在有毒有害物质超过规定标准的区域生产、捕捞、采集食用农产品和建立农产品生产基地。

2. 《中华人民共和国土地管理法》相关条款

该法规对农田保护作出了规定。其中，第三条规定了"基本农田保护实行全面规划、合理利用、用养结合、严格保护的方针"。第二十六条：因发生事故或者其他突然性事件，造成或者可能造成基本农田环境污染事故的，当事人必须立即采取措施处理，并向当地环境保护行政主管部门和农业行政主管部门报告，接受调查处理。

同时，对基本农田保护区的应用做了规定。第十五条规定了"基本农田保护区经依法划定后，任何单位和个人不得改变或者占用。国家能源、交通、水利、军事设施等重点建设项目选址确实无法避开基本农田保护区，需要占用基本农田，涉及农用地转用或者征用土地的，必须经国务院批准"。

3. 《基本农田保护条例》相关条款

对农田监测网点做了规定。第二十二条规定：县级以上地方各级人民政府农业行政主管部门应当逐步建立基本农田地力与施肥效益长期定位监测网点，定期向本级人民政府提出基本农田地力变化状况报告以及相应的地力保护措施，并为农业生产者提供施肥指导服务。

4. 《农田水利条例》相关条款

该法规对农田水利设施保护做了规定。第二十三条规定了禁止危害农田水利工程设施的下列行为：①侵占、损毁农田水利工程设施；②危害农田水利工程设施安全的爆破、打井、采石、取土等活动；③堆放阻碍蓄水、输水、排水的物体；④建设妨碍蓄水、输水、排水的建筑物和构筑物；⑤向塘坝、沟渠排放污水、倾倒垃圾以及其他废弃物。第二十四条规定了不得占用农业灌溉水源、农田水利设施。任何单位和个人不得擅自占用农业灌溉水源、农田水利工程设施。新建、改建、扩建建设工程确需占用农业灌溉水源、农田水利工程设施的，应当与取用水的单位、个人或者农田水利工程所有权人协商，并报经有管辖权的县级以上地方人民政府水行政主管部门同意。占用者应当建设与被占用的农田水利工程设施效益和功能相当的替代工程；不具备建设替代工程条件的，应当按照建设替代工程的总投资额支付占用补偿费；造成运行成本增加等其他损失的，应当依法给予补偿。第二十五条规定了农田水利设施超过使用年限后的处理。内容包括：农田水利工程设施因超过设计使用年限、灌溉排水功能基本丧失或者严重毁坏而无法继续使用的，工程所有权人或者管理单位应当按照有关规定及时处置，消除安全隐患，并将相关情况告知县级以上地方人民政府水行政主管部门。第三十二条规定了禁止危害农田水利工程设施安全的爆破、打井、采石、取土等活动。按照此规定，取土场选址要求土地平整尽可能减少土地平整工程量。当不能实现田块内部土方挖填平衡时，应按照就近、安全、合理的原则取土。

5.《土地复垦条例》相关条款

该条例规定了土地利用和土地复垦的原则。第四条规定了生产建设活动应当节约集约利用土地，不占或者少占耕地；对依法占用的土地应当采取有效措施，减少土地损毁面积，降低土地损毁程度。土地复垦应当坚持科学规划、因地制宜、综合治理、经济可行、合理利用的原则。复垦的土地应当优先用于农业。

6.《中华人民共和国水土保持法》相关条款

该法规主要规定水土保持相关要求，与农田工程项目相关的内容包括项目选址坡度、原则以及相关管理要求。第二十条规定了开垦土地的区域坡度要求："禁止在二十五度以上陡坡地开垦种植农作物。在二十五度以上陡坡地种植经济林的，应当科学选择树种，合理确定规模，采取水土保持措施，防止造成水土流失。省、自治区、直辖市根据本行政区域的实际情况，可以规定小于二十五度的禁止开垦坡度。禁止开垦的陡坡地的范围由当地县级人民政府划定并公告。"

第二十四条规定了项目选址要求。生产建设项目选址、选线应当避让水土流失重点预防区和重点治理区；无法避让的，应当提高防治标准，优化施工工艺，减少地表扰动和植被损坏范围，有效控制可能造成的水土流失。

第二十五条规定：在山区、丘陵区、风沙区以及水土保持规划确定的容易发生水土流失的其他区域开办可能造成水土流失的生产建设项目，生产建设单位应当编制水土保持方案，报县级以上人民政府水行政主管部门审批，并按照经批准的水土保持方案，采取水土流失预防和治理措施。没有能力编制水土保持方案的，应当委托具备相应技术条件的机构编制。水土保持方案应当包括水土流失预防和治理的范围、目标、措施和投资等内容。水土保持方案经批准后，生产建设项目的地点、规模发生重大变化的，应当补充或者修改水土保持方案并报原审批机关批准。水土保持方案实施过程中，水土保持措施需要作出重大变更的，应当经原审批机关批准。生产建设项目水土保持方案的编制和审批办法，由国务院水行政主管部门制定。

第三十七条规定：已在禁止开垦的陡坡地上开垦种植农作物的，应当按照国家有关规定退耕，植树种草；耕地短缺、退耕确有困难的，应当修建梯田或者采取其他水土保持措施。在禁止开垦坡度以下的坡耕地上开垦种植农作物的，应当根据不同情况，采取修建梯田、坡面水系整治、蓄水保土耕作或者退耕等措施。

第三十八条规定了土地平整工程要求，对生产建设活动所占用土地的地表土应当进行分层剥离、保存和利用，做到土石方挖填平衡，减少地表扰动范围。

7.《土壤污染防治行动计划》相关条款

第二条第四款提出：推进土壤污染防治立法，建立健全法规标准体系。出台农药包装废弃物回收处理、工矿用地土壤环境管理、废弃农膜回收利用等部门规章。土壤污染防治法律法规体系基本建立。各地可结合实际，研究制定土壤污染防治地方性法规。

第二条第五款提出：系统构建标准体系。健全土壤污染防治相关标准和技术规范。2017年底前，发布农用地、建设用地土壤环境质量标准；完成土壤环境监测、调查评估、风险管控、治理与修复等技术规范以及环境影响评价技术导则制修订工作；修订肥料、饲料、灌溉用水中有毒有害物质限量和农用污泥中污染物控制等标准，进一步严格污染物控制要求；修订农膜标准，提高厚度要求，研究制定可降解农膜标准；修订农药包装标准，增加防止农药包装废弃物污染土壤的要求。适时修订污染物排放标准，进一步明确污染物特别排放限值要求。完善土壤中污染物分析测试方法，研制土壤环境标准样品。各地可制定严于国家标准的地方土壤环境质量标准。

第二条第六款提出：全面强化监管执法。明确监管重点。重点监测土壤中镉、汞、砷、铅、铬等重金属和多环芳烃、石油烃等有机污染物，重点监管有色金属矿采选、有色金属冶炼、石油开采、石油加工、化工、焦化、电镀、制革等行业，以及产粮（油）大县、地级以上城市建成区等区域。加大执法力度。将土壤污染防治作为环境执法的重要内容，充分利用环境监管网格，加强土壤环境日常监管执法。严厉打击非法排放有毒有害污染物、违法违规存放危险化学品、非法处置危险废物、不正常使用污染治理设施、监测数据弄虚作假等环境违法行为。开展重点行业企业专项环境执法，对严重污染土壤环境、群众反映强烈的企业进行挂牌督办。改善基层环境执法条件，配备必要的土壤污染快速检测等执法装备。

8.《农作物病虫害条例》相关条款

第二章监测与预报中，第十三条提出了对农田建设设施的要求，内容如下：任何单位和个人不得侵占、损毁、拆除、擅自移动农作物病虫害监测设施设备，或者以其他方式妨碍农作物病虫害监测设施设备正常运行。新建、改建、扩建建设工程应当避开农作物病虫害监测设施设备；确实无法避开、需要拆除农作物病虫害监测设施设备的，应当由县级以上人民政府农业农村主管部门按照有关技术要求组织迁建，迁建费用由建设单位承担。农作物病虫害监测设施设备毁损的，县级以上人民政府农业农村主管部门应当及时组织修复或者重新建设。

（三）梳理结论

从以上梳理可以看出，一是现有农田工程建设标准中强制性条款大多集中在农田水利工程，其他工程涉及强制性要求的条款较少，这些强制性条款是编制《农田工程项目规范》的基础，可以根据工程建设实际对这些强制性条款加以改进吸收，改进吸收后《农田工程项目规范》中的条款与原标准中的强制性条款的比较见表5-2和表5-3。二是现有法律法规中规定的内容多为较宏观的管理要求，应以此为基础，加以延伸和细化，结合相关标准条款和实践，进一步提出与之相对应的技术性要求，成为农田建设工程项目规范条款设置的主要依据。

四、章节条款设置

规范条款的设置原则：一是改进吸收现有农田工程建设标准中已有的强制性条文，并根据工程建设实际，进一步研究农田建设其他工程的强制性要求及条款。二是以现有法律法规中的相关规定为基础，加以延伸和细化，结合相关标准条款和实践经验，进一步提出与之相对应的技术性要求，成为农田建设工程项目规范条款设置的主要参考依据。

建设规范涵盖各类农田项目，在工程分类时应遵循基础性、通用性和科学性的原则，在前面章节工程类型划分研究的基础上，以农田工程类型为基础，将《农田工程项目规范》分为八章，分别是总则、基本规定、土地平整与土壤改良工程、灌溉与排水工程、田间道路工程、农田输配电工程、农田防护与生态景观工程、监测站（点）工程。具体介绍如下。

（一）总述类章节设置

总述类分为总则和基本规定两章。

其中，第一章为总则，不划分节，共包括三条，规定了《农田工程项目规范》的编制目的、适用范围、基本原则。第一条，为规范农田工程建设活动，保障土壤安全和农产品安全，保证工程建设质量，提升农田工程项目监管水平，制定本规范。第二条，本规范适用于农田工程规划、设计、施工、

表 5-2　农田工程项目规范中相关条款与现有标准中强制性条文的对比

序号	标准编号	标准名称	现有标准中强制性条文情况		农田工程项目规范对应条款	备注
			强制性条文	条文说明		
1	SL 4—2013	农田排水工程技术规范	4.2.2 明沟工程可采用机械开挖或人工开挖，并应遵守下列规定：3 挖掘机等机械在电力架空线下作业时应保持规定的安全距离或采取安全措施。		土地平整采用机械作业时，应尽量减少大（重）型机械的使用，挖掘机等机械在电力架空线下作业时应保持规定的安全距离或采取安全措施。	劳动安全
2			5.0.4 农田排水工程的重要部位隐蔽部位应在施工期间进行验收，并填写验收记录。验收合格后，才能进行下一阶段的工程施工。		农田工程涉及农桥、小型拦水坝、泵站、排水暗管、涵闸等重要部位和隐蔽工程，应在施工期间进行验收，并应在验收合格后才能进入下一道工序施工。	验收
3	GB 50288—2018	灌溉与排水工程设计标准	20.4.2 1级～4级渠（沟）道和渠道跌水、倒虹吸、渡槽、隧洞等主要建筑物进、出口及穿越人口聚居区应设置安全警示牌、防护栏杆等防护设施。	本节 20.4.2 和 20.4.3 条为强制性条款，应严格执行。历年来全国灌区输水渠道落水事故有发生，必须从工程建设的源头采取有效的安全措施。本次修编增设此节内容，从渠道防护措施到建筑物的安全警示，辅助措施提出了要求。设计中应引起足够重视，设计中应便于落水者逃生，并能防止非管理人员下井。	高填方、深挖方渠道及跌水、倒虹吸、渡槽、隧洞等主要建筑物进、出口及穿越人口聚居区应设置安全警示牌、防护栏杆等防护设施。	劳动安全
4			20.4.3 设置踏步或人行道的坡槽、建筑物，应设防护栏杆，水闸等建筑物进入人孔、闸孔、检修井应设安全井盖。		保留	劳动安全

（续）

序号	现有标准中强制性条文情况				农田工程项目规范对应条款	备注
	标准编号	标准名称	强制性条文	条文说明		
5	GB 51018—2014	水土保持工程设计规范	12.2.2 2 严禁对重要基础设施、人民群众生命财产安全及行洪安全有重大影响的区域设置弃渣场。		弃土场选址不得影响周边公共设施、工业企业、居民点等的安全。严禁在重要基础设施及人民群众生命财产安全及行洪安全有重大影响的区域弃置土场。	劳动安全
6	GB 50599—2010	灌区改造技术规范	9.3.2 对隐蔽工程，必须在施工期间进行验收，并应在合格后再进入下一道工序施工。	9.3.2 隐蔽工程在隐蔽前，应由施工单位通知有关成员进行验收，并形成验收文件。隐蔽工程应按规定的施工程序和要求进行，即施工单位必须先进行自检，包括施工班组自检和专业质量管理人员的检查，自检合格后，开具"隐蔽工程验收单"，提前24h或符合同规定通知驻场监理工程师按时到场进行全面质量检查，并共同验收，签证。必要时应按合同有规定的时间要求，提前或请约请工程设计单位参与验收。	与《农田排水工程技术规范》的 5.0.4 合并为规范条款。	验收

（续）

序号	现有标准中强制性条文情况				农田工程项目规范对应条款	备注
	标准编号	标准名称	强制性条文	条文说明		
7	HJ/T 88—2003	环境影响评价技术导则水利水电工程	6.2.6 土壤环境保护措施 a. 工程引起土壤潜育化、沼泽化、土地沙化、盐渍化，应提出工程、生物和监测管理措施。 b. 清淤底泥对土壤造成污染，应采取工程、生物、监测与管理措施。		农田工程建设不应引起土壤潜育化、沼泽化、盐渍化、土地沙化。	环境保护
8	JTG B01—2014	公路工程技术标准	3.6.1 3—条公路应采用同一净高同时规定采用一条道路同一净高，以保证其通畅过往。		田间道路在建筑限界内，不得有任何部件、设施侵入；建筑界限宽度应为路基宽度、当设置错车道、停车带、回车道等时，也应包含相应的宽度。高度应不少于4.5 m。	劳动安全
9	GB 50217—2007	电力工程电缆设计规范			人口密集、人群活动较多区域架空配电线路应采用绝缘导线、架空配电线路跨越田间道路时，最小垂直距离7.0 m、跨越铁路、等级公路、河流等设施及各种架空线路交叉或接近的允许距离应符合相关规定。	劳动安全

（续）

序号	标准编号	标准名称	现有标准中强制性条文情况		农田工程项目规范对应条款	备注
			强制性条文	条文说明		
10	DL/T 5221	城市电力电缆线路设计技术规定			与《电力工程电气设计规范》综合，严禁在地下管道的正上方或正下方直埋敷设电缆，电缆或电缆与管道、道路、构筑物等相互间的允许最小距离应符合相关规定。	劳动安全
11	JGJ 16—2008	民用建筑电气设计规范			农田工程中的泵房、管理房、监测站用房等在防雷装置与其他设施和建筑物内人员无法隔离的情况下，装有等电位防雷装置的建筑物，应采取等电位联结。	劳动安全

表 5 - 3　农田工程项目规范从推荐性标准中部分采纳的条款与原条文的比较

序号	标准编号	标准名称	推荐性标准中条文	农田工程项目规范对应条款
1	GB/T 30600—2014	高标准农田建设通则	a) 禁止在下列区域进行农田工程项目建设： 1) 地面坡度大于25°的区域，或大于20°的风化花岗岩、紫色砂页岩、红砂岩、泥质页岩严重的区域，依法划定禁产区的区域； 2) 土壤污染严重的区域； 3) 自然保护区核心区、缓冲区； 4) 退耕还林区、退耕还草区、退耕还湖区、河流、湖泊、水库水面及其保护范围内等区域。	农田工程项目规范应结合山、水、田、林（草）、路、村统筹安排，建设区域应相对集中连片。 a) 禁止在下列区域进行农田工程项目建设： 1) 地面坡度大于25°的区域，或大于20°的风化花岗岩、紫色砂页岩、红砂岩、泥质页岩坡地区域； 2) 土壤污染严重的区域，依法划定禁产区的区域； 3) 自然保护区核心区、缓冲区；

（续）

序号	标准编号	标准名称	推荐性标准中条文 条文	农田工程项目规范对应条款
1	GB/T 30600—2014	高标准农田建设通则	5) 土地利用总体规划确定的建设用地区域。 b) 在下列区域安排农田工程建设项目时，应开展可行性论证： 1) 水资源贫乏区域、水土流失易发区和沙化区等生态脆弱区域； 2) 历史遗留的挖损、塌陷、压占等造成土地严重损毁难以恢复的区域； 3) 河流、湖泊的滩地区、海涂区； 4) 易受自然灾害损毁的区域。	4) 退耕还林区、退耕还草区、退耕还湖区、河流、湖泊、水库水面及其保护范围等区域； 5) 土地利用总体规划确定的建设用地区域； b) 在下列区域安排农田工程建设项目时，应开展可行性论证： 1) 水资源贫乏区域、水土流失易发区和沙化区等生态脆弱区域； 2) 历史遗留的挖损、塌陷、压占等造成土地严重损毁难以恢复的区域； 3) 河流、湖泊的滩地区、海涂区； 4) 易受自然灾害损毁的区域。
2			6.2.7 梯田修筑应与沟道治理、坡面防护等工程相结合，提高防御暴雨冲刷能力。	梯田修筑应与沟道治理、坡面防护等工程相结合，提高防御暴雨冲刷能力；应根据水土保持要求合理布置坡面和沟道防护设施。梯田布置应不破坏环境周边原生植被，防洪排水体系。
3			9.2.1 建成后的高标准农田应通过施有机肥、秸秆还田、种植绿肥等措施，实现土壤肥力持续或持续提高，使土壤有机质含量达到当地中值以上水平。禁止将各种工矿废弃物制作的有机肥投入到农田中。	农田工程建设应加大对优质耕地、未污染耕地的保护，应采取有效措施，防止、减少土壤污染。严禁将重金属或者其他有毒有害物质含量超标的工业固体废物、生活垃圾、污泥及各种工矿废弃物直接用于农田工程建设中；严禁将污染土壤和城市污水直接灌溉农田；禁止向塘坝、沟渠排放污水以及其他废弃物。

（续）

序号	推荐性标准中条文			农田工程项目规范对应条款
	标准编号	标准名称	条文	
4			田间基础设施使用年限指高标准农田建设完成后各项基础设施正常发挥效益的时间，一般应不低于15年。	建成后的田间基础设施使用年限应不低于15年，水源工程质量保证年限应不低于20年。
5	SL 654—2014	水利水电工程合理使用年限及耐久性设计规范	3.0.2条中Ⅴ级灌溉工程的合理使用年限为30年，3.0.4条中5级灌排建筑物合理使用年限为30年，5级灌溉渠道合理使用年限为20年。综合以上规定，按照底线要求灌溉与排水工程使用年限应选择不低于20年。	
6	TD/T 1033—2012	高标准基本农田建设标准	高标准农田连片和田块规模应满足一定的限值，实现规模经营，提高农田生产效率。如平原地区连片规模应在333.33 hm² 以上，山地丘陵区应在20 hm² 以上；平原区北方田块规模不低于13.33 hm²，南方不低于6.67 hm²。具体田块规模应与当地的国民经济和社会发展水平相适应，在地形允许的情况下，农田连片和田块规模应尽可能大。	耕作田块规模应根据地形条件、耕作方式、机耕要求、田间沟渠布设，平整工作量以及田间管理的方便等因素确定，应考虑农业发展中长期规划对农业生产方式的要求。平原区耕作田块的面积不应少于13.33 hm²。
7	NY/T 2148—2012	高标准农田建设标准		

管理、保护保育、修复等。第三条，农田工程建设应突出自然禀赋，遵循因地制宜、节约资源、保护环境、安全生产、设施配套、经济合理的原则。

第二章为基本规定，不划分节，共包括十二条，是对农田工程项目建设和本规范各章综合性的规定，包括规划、选址、规模、设施使用年限及占地率、管理、农田保护等内容。例如，第一条规定了农田工程应以建设高标准农田为重点，满足农业生产的基本功能。农田工程建设应与农业农村发展、乡村景观风貌提升、农村生态环境维护、生物多样性保护等进行对接，全面发挥农田在农业生产、生态、景观方面的综合效益。第二条规定了农田工程规划应与国土空间规划、主体功能区规划、土地利用规划、城乡规划、水资源开发利用规划和基本农田保护、生态环境保护、农产品生产保护等工作进行衔接。第三条规定了农田工程项目应安排在基本农田保护区、粮食生产功能区、重要农产品生产保护区和基本农田整备区中耕地质量较高的集中连片区域。建设后的农田应划入永久基本农田，进行特殊保护。第四条规定了农田工程建设应结合山、水、田、林（草）、路、村统筹安排和建设区域选择应符合的要求。第五条规定了农田工程建设规模应根据当地自然环境、生态保护、机械化水平等因素，统筹考虑纬度、地形、光照、通风等要素，综合确定。第六条规定了建成后的田间基础设施使用年限不应低于15年。

（二）具体工程类章节设置

第三至八章按照工程构成编排，每一章内容综合考虑了规模、布局、功能、性能以及技术要求和指标等要求，但考虑到农田工程分类的特点，加之本身条款较少，所以没有按照以上5个方面划分节，各条款编排时保持了逻辑连贯性。本书选择部分条款介绍。

1. 土地平整与土壤改良工程

第三章为土地平整与土壤改良工程，包含十一条。第一条规定了耕作田块布置应避开土壤污染区域，不发生滑坡、泥石流等地质灾害，不产生沙漠化、盐渍化、石漠化等土地退化现象。土地平整与土壤改良不应造成现有耕作层土壤损失、水土流失，不应破坏耕作层结构。第二条规定了耕作田块规模应根据地形条件、耕作方式、田间沟渠布设、平整工作量以及田间管理农业发展中长期规划对农业生产方式的要求等因素确定。第三条规定了耕作田块应集中连片，满足农业规模化经营的需要，提高农田耕种收的效率；风蚀区的田块长边应与主害风向垂直或交角小于30°；水蚀区的田块长边应平行于等高线。第四条规定了禁止在土地平整与土壤改良过程中排放、倾倒、使用污泥、清淤底泥、尾矿（渣）等可能对土壤造成污染的固体废物。第五条规定了土地平整时，应合理安排表土层（耕作层）剥离、保护、回填；剥离的土壤禁止堆放在土壤污染区、地质灾害区、水源保护区。第六条规定了土地平整采用机械作业时，应尽量减少大（重）型机械的使用，挖掘机等机械在电力架空线下作业时应保持规定的安全距离，并采取安全措施。第七条规定了严禁在崩塌和滑坡危险区、泥石流易发区内设置取土（石、料）场；禁止危害农田水利工程设施安全的采石、取土等活动；取土场在山区、丘陵区选址时，应分析诱发崩塌、滑坡和泥石流的可能性。第十一条规定了土壤改良应优先采用生态、环保改良工程措施；对污染土地，应做好源头控制、过程监管和末端防治；轻度污染土壤应以控制污染源扩散为主；中、重度污染土壤应通过物理、化学、生物等措施进行修复。对于治理修复不达标的农田应实行种植结构调整、改种林木、退耕还林还草还湿等。

2. 灌溉与排水工程

第四章为灌溉与排水工程，包含二十条。例如，第一条规定：因缺水引起农作物减产或品质下降的农田应设置灌溉工程；因涝渍及灌溉不当引起次生盐碱化的农田应设置排水工程。第二条规定：灌溉工程应有可靠的水源并能方便接入或取水，应按照水量分配方案或取用水总量控制指标引取水量，并不应引起当地生态环境的恶化。第三条规定：排水工程应有可靠的骨干排水系统及足够承泄容积，排水水质应符合所在水功能区水质要求。第四条规定：灌溉设计保证率、灌溉规模、灌溉需水量和设计流量应根据水土资源承载能力和农作物种植目标要求确定。第五条规定：排水范围、排水深度和排水模数应根据作物耐淹时间、耐淹深度、根系生长环境和排水承泄能力确定。第六条规定：灌溉分区、灌溉方式和灌溉制度应根据项目区地理环境、水源条件、农作物种植布局及农药化肥施用要求等合理确定。第七条规定：渠道布置应结合灌区地形、地质条件进行，高填方、深挖方的渠坡坡度及防护方式应进行稳定性分析计算。第八条规定：水资源紧缺地区及地下水地区应采用高效节水灌溉方式；提水灌区和有自压条件的自流灌区应采用防渗渠道输水和管道输水灌溉方式；其他灌区应采用格田灌或沟畦灌及其他节水灌溉方式。第九条规定：耕作田块应设置灌、排水设施，不得串灌串排。第十条规定：高填方、深挖方渠道及跌水、倒虹吸、渡槽、隧洞等主要建筑物进、出口及穿越人口聚居区应设置安全警示牌、防护栏杆等防护设施。

3. 田间道路工程

第五章为田间道路工程，包括十三条。例如，第一条规定了田间道路在建筑限界内，不得有任何部件、设施侵入。第二条规定了田间道路建设工程临时占用场地应采用植被恢复，并采取相应的水保措施。第三条规定了田间道路应与田、水、林、电、村规划相衔接，应按作业区地形、水文地质及耕作方式布置，应少占耕地，应做到功能协调，密度合理，形成路网。第四条规定了生产路设置应与田间道平行或垂直,应维护自然生态系统的稳定性,不应分割现有农田景观,应维持农田生态系统的完整性。第五条规定了田间道路在集中连片耕作田块中的通达度,平原河网区应达到100%,丘岗冲垅区、丘陵山地区应达到90%以上,其设计应尽量利用原有路网,且方便土地权属调整。第六条规定了田间道路选线应与自然地形相协调,应避免深挖高填,应与梯田、小型蓄拦排工程等协调,最大纵坡及连续纵坡采用应符合的规定。第七条规定了田间道路之间或与其他公路交叉连接的地方,交叉位置应选择在纵坡平缓、视距良好地段;田间道路应避免与铁路平面交叉。第八条规定了田地块至路面或田埂垂直高差较大时,为保障农用机械上下安全,应设置下田坡道或跨田坡道,坡口位置应符合农业机械作业要求,与边沟交叉处应进行处理;下田坡口坡度不应大于18%,宽度不应小于2.2 m,坡道延伸至耕作层以下不应少于10 cm,坡面应作防滑处理。第九条规定了田间道路应设置必要的安全设施、指示牌和警告标志等,大中型农桥两侧均应设置安全护栏,农桥两端应设置符合公路要求的标志牌,并标明只准通行车辆类型或载重后总重量,并定期维护和保养;道路两旁应绿化,同时不应妨碍农业机械通行。第十条规定了田间道路工程应设置农业机械跨渠作业的桥涵等专门设施。

4. 农田输配电工程

第六章为农田输配电工程,包含七条。例如,第一条:高压线的线间距应在保障安全的前提下,结合运行经验确定;应在塔杆上标明线路的名称、代号、塔杆号和警示标志等。第二条:低压线路采用埋地方式敷设时,电缆线应敷设在冻土层以下,最低埋深应大于0.7 m。电缆上应铺砖或者类似的保护层,低压线路敷设处应设置警示标志。第三条:人口密集、人群活动较多区域架空配电线路应采用绝缘导线,架空配电线路跨越田间道路时,最小垂直距离7.0 m,跨越铁路、等级公路、河流等设施及各种架空线路交叉或接近的允许距离应符合相关规定。第四条:严禁在地下管道的正上方或正下方直埋敷设电缆,电缆与电缆或电缆与管道、道路、构筑物等相互间的允许最小距离应符合相关规定。第五条:农田工程用电应有固定的供配电装置,严禁私自连接非法用电设备,并加强农用电管理。第六条:农田工程中的泵房、管理房、监测站用房等在防雷装置与其他设施和建筑物内人员无法隔离的情况下,装有防雷装置的建筑物,应采取等电位联结。第七条:农田项目中的变压器室、配电室和电容器室的耐火等级不应低于二级。

5. 农田防护与生态景观工程

第七章为农田防护与生态景观工程,共包含六条。例如,第一条规定了农田防护林应依据风害程度及田埂、机耕路和岸坡条件确定,护岸、护坡、挡土墙等防护工程应依据地形、边坡地质条件确定,并与生态景观相适应。第二条规定了农田防护林应以乡土树种为主，符合根深冠窄、抗逆性强的要求，风沙地、盐碱地和水湿地区的树种应分别具有相应的抗性，选择的树种还要求与农作物协调共生关系好，不能有相同的病虫害或是其中间寄主。第三条规定了农田防护林营造应综合考虑生物多样性保护、水土保持、景观与游憩需求等，应严格执行植物检疫制度、种苗质量检验制度，并接受有关部门监督；坡耕地进行农田工程项目建设时，应做好坡面防护规划，并安排坡面防护工程。第四条规定了坡面防护工程布局应合理布设截水沟、排水沟、沉沙池等坡面水系工程，系统拦蓄和排泄坡面径流，构成完整的坡面灌排体系。第五条规定了生态景观工程布局应与田块、沟渠、道路等工程相结合，与农村居民点景观建设相协调。第六条规定了应重点保护田块内或边界的天然林地、草地、水体、裸岩，维护其原有自然景观。

6. 监测站（点）工程

第八章为监测站（点）工程，包括三条。例如，第一条规定了田间监测设施应与其他建筑物结合布置，禁止占用耕地；在重大病虫的源头区、迁飞流行过渡带、常年重发区应建设病虫害田间监测站（点）。第二条规定了田间工程建设应配套、完善耕地质量、土壤墒情、地下水和病虫害等检测站（点），并设置标示牌。第三条规定了应建立监测数据系统，并共享农业、水利、气象等信息；任何单位和个人不得侵占、损毁或者擅自移动监测站（点）设施设备；确需占用或者拆除的，应重新建设或者予以补偿，因不可抗力损毁的，相关部门应及时组织修复或者重新建设。

五、条文说明

（一）总述类章节的条文说明

这部分包括总则和基本规定的条文说明。

1. 总则条文说明

总则共3条，分别为编制目的、适用范围、建设原则。

关于制定目的的说明，农田是农产品生产的基础平台，是农产品安全、人身健康安全、生态环境安全、国家安全的重要支撑。农田工程项目是指在农田上实施的各类工程建设项目，以建筑物或构筑物为产出物，满足农业生产、农产品安全、土壤环境安全和工程质量等要求。农田工程项目主要包括土地平整与土壤改良工程、灌溉与排水工程、田间道路工程、农田输配电工程、农田防护与生态景观工程、监测站（点）工程等。国家出台了《农产品质量安全法》《中华人民共和国土地管理法》《基本农田保护条例》《土地复垦条例》《中华人民共和国土壤污染防治法》《中华人民共和国水土保持法》《中华人民共和国农业法》《农用地土壤环境管理办法（试行）》《中共中央国务院关于加强耕地保护和改进占补平衡的意见》（中发〔2017〕4号）、《国务院关于印发土壤污染防治行动计划的通知》（国发〔2016〕31号）等一系列法律法规和规章，都对农产品安全、基本农田保护、耕地建设、农田工程项目等进行了规定。本规范旨在统一农田建设各方面的技术要求，守护农田建设活动的"技术底线"。

关于适用范围的条文说明，当前我国的农田工程类型繁多，涵盖农业开发、土地治理、农田整治、灌区建设、高标准农田建设等项目，涉及工程规划、设计、施工、管理、保护、修复等工作环节，各部门工作依据标准不统一。本规范主要规定了土地平整、土壤改良、灌溉排水、田间道路、农田输配电、农田监测站点、农田防护与生态景观等农田工程项目建设中的基础性、通用性技术要求，突出强制性技术内容；并配合基本农田保护、农产品质量安全、土壤污染防治等法规实施，明确相关技术要求。

关于农田工程建设原则说明如下。

(1) 因地制宜。 在农田工程建设中，应充分考虑当地气候条件、土壤条件、地质条件等对农田生产能力的影响，应根据区域自然资源特点、社会经济发展水平、土地利用状况等选取相应的工程项目。

(2) 节约资源。 在农田工程建设中，应尽量减少占用水、土资源，提高利用效率；通过优化土地利用结构，实现节约集约利用土地资源、保护耕地、提升农业效率和规模效益；通过完善基础设施，改善农业生产条件，提高水资源利用效率，增强防灾减灾能力。

(3) 保护环境。 农田工程建设应坚持"生态环境保护优先"的原则，将"改善农村生态环境、保护乡村景观风貌、保护生物多样性"作为农田建设的主要目标，发挥农田生产、生态、景观的综合效益；通过农田景观生态建设、生物多样性保护以及农田生态化改造等综合性措施，解决农田防风、岸坡防护、农田污染和景观生态等问题。

(4) 安全生产。 在农田工程建设和利用过程中，应以保证人民生命财产安全为重点，加强安全生产管理；同时在工程设计、施工、管护等方面均应采取安全防范措施，降低工程风险和减少对周围环境的破坏。

(5) 设施配套。 农田工程建设应全面满足农作物生产必备的田面平整、道路通达、灌排系统完善、防护措施到位等，各类设施配套齐全，各项工程应达到《高标准农田建设通则》规定的建设标准。

(6) 经济合理。 农田工程建设应符合当地的经济社会发展水平，不做超出地方财力的形象工程，也不做超越地方实际的舶来项目；农田工程建设所采用的工程内容和建设标准应与当地农业生产、农民生活、农田保护等相适应，保障各项工程效益发挥最佳水平。

2. 基本规定的条文说明

本章共 12 条。例如，对于第四条农田工程建设应结合山、水、田、林（草）、路、村统筹安排，建设区域选择应符合的要求，条文说明：农田工程项目的选址要求主要参考了《高标准农田建设通则》（GB/T 30600—2014）有关高标准农田建设项目选址的有关规定；同时，结合风化花岗岩、紫色砂页岩、红砂岩、泥质页岩坡地区域的实际情况，提出"禁止在大于 20°的风化花岗岩、紫色砂页岩、红砂岩、泥质页岩坡地区域安排农田工程项目"。第六条规定关于适用年限的说明：参照《高标准农田建设通则》（GB/T 30600—2014）的规定，田间基础设施使用年限指高标准农田建设完成后各项基础设施正常发挥效益的时间，一般应不低于 15 年；参照《高标准农田建设标准》（NY/T 2148—2012）的规定，水源工程质量保证年限不小于 20 年；渠灌区田间明渠输配水工程质量保证年限不少于 15 年，田间排水沟（管）工程质量保证年限应不少于 10 年，喷灌工程、微灌工程固定设施使用年限不少于 15 年，渠系建筑物总体建设工程质量保证年限应不少于 15 年。按照《农田排水工程技术规范》（SL 4—2013）第 3.4.2.1 条中规定暗管排水的管材使用年限不小于 20年。参照《水利水电工程合理使用年限耐久性设计规范》（SL 654—2014）第 3.0.2 条中五级灌溉工程的合理使用年限为 30 年，第 3.0.3 条中五级灌排建筑物合理使用年限为 30 年，五级灌溉渠道合理使用年限为 20 年，综合以上规定，按照底线要求灌溉与排水工程使用年限应选择不低于 20 年。第七条规定关于"田间基础设施占地率不应高于 8%"的说明为田间基础设施占地率是指灌溉渠沟、田间道路、农田输配电、农田防护与生态景观等设施占地面积与建设区面积的比例。第八条规定关于农田工程建设应加大对优质耕地、未污染耕地的保护的条文说明，依据《高标准农田建设通则》（GB/T 30600—2014）第9.2.1 条规定：禁止将利用有害垃圾、污泥及各种工矿废弃物制作的有机肥投入到农田中；《农业部〈土壤污染防治行动计划〉实施意见》相关要求；严禁未经达标处理的工业和城市污水直接灌溉农田；《农田水利条例》第三十二条规定：禁止向塘坝、沟渠排放污水、倾倒垃圾以及其他废弃物。

（二）具体工程类章节的条文说明

第三章至第八章根据各类工程做了细化规定，并分别加以说明。以第三章土地平整与土壤改良工程为例，该章共 11 条，其中，对于耕作田块规模的条文说明：《高标准农田建设标准》（NY/T 2148—2012）规定，高标准农田连片和田块规模应满足一定的限值，实现规模经营，提高农田生产效率；如平原地区连片规模在 333.33 hm² 以上，山地丘陵区应在 20 hm² 以上；《高标准基本农田建设标准》（TD/T 1033—2012）规定，平原区北方田块规模不低于

13.33 hm²，南方不低于 6.67 hm²；具体田块规模应与当地的农机与农艺要求相适应，在地形允许的情况下，农田连片和田块规模应尽可能大。本条内容主要采用了《高标准基本农田建设标准》（TD/T 1033—2012）的规定。第四条禁止在土地平整与土壤改良过程中排放、倾倒、使用污泥、清淤底泥、尾矿（渣）等可能对土壤造成污染的固体废物，参照《农用地土壤环境管理办法（试行）》第十二条：禁止在农用地排放、倾倒、使用污泥、清淤底泥、尾矿（渣）等可能对土壤造成污染的固体废物。

第四章灌溉与排水工程规定了灌溉与排水工程的规范要求。例如，关于第一条因缺水引起农作物减产或品质下降的农田应设置灌溉工程，因涝渍及灌溉不当引起次生盐碱化的农田应设置排水工程，说明如下：目前耕地灌溉面积已达 6 666.67 万 hm² 以上，约占耕地面积的 50%，从水资源状况看，灌溉用水规模只有 3 600 亿 m³ 左右，按照水土资源平衡分析，灌溉面积增加的空间十分有限，因此，大量的灌溉工程以改造、升级为主，新建灌溉工程应充分认证后确定。第二条规定灌溉工程应有可靠的水源并方便接入或取水，应按照水量分配方案或取用水总量控制指标引取水量，并不应引起当地生态环境的恶化，说明如下：为了满足农田灌溉设计保证率，需要一定规模的灌溉水源，灌溉水源主要来自大中型灌区的支渠（斗口）、农田工程项目范围内的河（江、溪、沟）、湖、库（塘、池）或机井，应以现有水源工程供给为主，而且大中型灌区的供水应成为灌溉水源的主要保障。根据《国务院关于实行最严格水资源管理制度的意见》关于严格控制流域和区域取用水总量要求，按照江河流域水量分配方案或取用水总量控制指标，制订年度用水计划，依法对本行政区域内的年度用水实行总量管理。第三条规定排水工程应有可靠的骨干排水系统及足够承泄容积，排水水质应符合所在水功能区水质要求，说明如下：田间排水工程应充分考虑排水出路，项目区自排应作为项目建设的首选，不能自排的应采取提排措施。

第六章

高标准农田设施设计标准探讨

一、作用意义

近几年，农业农村部在编制农业工程建设标准和技术规范方面做了大量的工作，先后发布了《全国中低产田类型划分与改良技术规范》（NY/T 310—1996）、《全国耕地类型区、耕地地力等级划分》（NY/T 309—1996）、《中低产田改造工程建设投资估算指标》《全国节水农业技术标准与投资估算指标手册》《旱作节水农业工程项目建设规范》（NY/T 2080—2011）、《高标准农田建设标准》（NY/T 2148—2012）、《农田建设规划编制规程》（NY/T 2247—2012）、《高标准农田建设技术规范》（NY/T 2949—2016）等。国务院有关部门和地方政府部门也编制了大量的有关高标准农田规范和标准。如：自然资源部制定了《高标准基本农田建设规范（试行）》，水利部制定了《灌区规划规范》（GB/T 50509—2009）和《大型灌区技术改造规程》（SL 418—2008），国家农业综合开发办公室制定了《国家农业综合开发高标准农田建设示范工程建设标准（试行）》，福建省政府编制了《基本农田建设设计规范》（DB 35/T 165—2002），四川、江苏、广东和山东等地方也结合本省情况，编制了高标准农田建设的技术规范，初步形成了自上而下的标准体系。但是，一方面，现有标准之间仍大量重复交叉、标龄过长，另一方面，标准体系不完整，缺少部分关键的基础性标准和专用性标准（例如《高标准农田设施设计标准》），以致出现标准规范既多又缺的矛盾局面。标准不配套、作用小，高标准农田建设难以做到建设一片、巩固一片，严重影响了高标准农田建设效果。

《高标准农田设施设计标准》是对高标准农田工程建设规划、设计、施工等技术事项的规范，包括硬件与软件两个方面建设的规范。硬件建设包括水利工程、沃土工程、林网工程、道路工程、农机具工程的建设规范，软件建设包括高优抗新品种应用措施、低耗高产高效农艺措施、无公害生态措施、创新管理服务措施的规范。例如，在农田水利工程渠道衬砌、斗农渠防渗衬砌方面，区分不同流量、地形等条件确定纵断面、横断面，提出渠底平整、基础夯实的技术做法，以及防渗材料（土料、砌石、塑膜材料、沥青混凝土、混凝土）选用要求，制定相应的建设技术规范。田间道路，根据田块大小、地形和通行农机具的要求确定路面宽、路肩宽度、最大纵坡、路基填高、填挖深度，夯实方法、面层选材、面层厚度、做法、路面标高等，制定相应的建设技术规范。归纳起来说，《高标准农田设施设计标准》是在提出高标准农田工程的布局原则和技术要求，确定土地整理工程设计、田间灌排工程、农田输配电工程、田间灌排建筑物、田间道路和农田林网的布置原则；设置机耕道路和田间路的结构设计（路宽、面层与垫层的厚度、材质）、承载力和通过能力的要求，并明确灌排渠道纵横断面设计方法和衬砌渠道的工程做法；制定各类渠系建筑物的设计要求、防护林网的树种选择及宽度密度等参数要求，相关参数包括建设规模、灌溉及排水工程、土壤平整及改良工程、田间道路工程、农田防护工程、农业机械化等方面建设的技术参数。进而规范和指导高标准农田工程建设的选址、规划、设计、施工。

可见，《高标准农田设施设计标准》能够为高标准农田建设提供科学合理的设计依据，可以从根本上解决我国高标准农田中田、水、路、林等设施设计缺乏统一规范的问题，有利于提高我国高标准农田设施设计的规范化、科学化、标准化水平，对指导和规范我国各地开展高标准农田建设以及保障国家农产品有效供给都具有重要的意义。因此，尽快颁布《高标准农田设施设计标准》十分有必要。

此外，《高标准农田设施设计标准》的编制具有三个方面的社会效益和经济效益。一是合理充分利用土地资源：高标准农田设施设计与建设有利于改善土地利用不充分的现象，可消除土地利用中的障碍因素，提高土地利用率与复种指数。二是有效利用水资源：在干旱地区，通过兴建蓄水、节水设施以及机井等，有效拦蓄天然降水及利用地下水；在水资源丰富地区，通过兴建各种提水设施充分利用地表水。三是充分利用光温资源：土地整理过程中，在地形、耕作形状、防风要求等条件允许时，尽量将田块长边方向设计为南北方向或接近南北方向，保证作物一天当中能吸收尽可能多的光热，同时，农田林网的建设也有利于提高光能利用率，增加干物质积累。

二、编制重点和难点及与各标准间的关系

（一）重点和难点

1. 重点

一是界定高标准农田设施的范围；二是确定高标准农田设施的建设内容；

三是提出高标准农田建设项目选址和工程布局的原则和技术要求；四是明确各类工程设施、水力计算与结构设计的方法、步骤以及主要参数要求等。

2. 难点

除了研究《高标准农田设施设计标准》的设计技术体系和编制深度外，还应该重点考虑《高标准农田设施设计标准》与《高标准农田建设标准》等现有标准规范的衔接。自然资源部已颁布的《高标准基本农田建设规范（试行）》、国家农业综合开发办公室已颁布的《国家农业综合开发高标准农田建设示范工程建设标准（试行）》和全国各省土地开发整理工程建设标准中都有设计标准内容，应做好相互衔接。

（二）与现行相关规划、标准的关系

处理好《高标准农田设施设计标准》与《高标准农田建设标准》等现行标准规范的关系，使《高标准农田设施设计标准》既全面又通用。吸收各部门相关的管理办法中的设计规范标准［包括水利部的水利工程设计规程规范、自然资源部颁布的《土地开发整理工程建设标准》中的有关技术规范内容、国家农业综合开发颁布的《国家农业综合开发高标准农田建设示范工程建设标准（试行）》中的部分技术规范，以及各大农业工程规划设计院的内部设计规范等］，制定具有普遍性、通用性的高标准农田建设设计标准。

1. 与《全国高标准农田建设总体规划》的关系

《高标准农田设施设计标准》提出的高标准农田建设内容应该与《全国高标准农田建设总体规划》提出的整治田块、改良土壤、建设灌排设施、整修田间道路、完善农田防护林网、配套农田输配电设施、加强农业科技服务和强化后续管护等高标准农田建设 8 个方面的建设内容保持一致。此外，高标准农田等相关术语的定义、高标准农田设计标准、进一步说明有关数据指标的来源或验证报告也要与《全国高标准农田建设总体规划》保持一致。

2. 与《高标准农田建设通则》的关系

一是《高标准农田设施设计标准》是《高标准农田建设通则》的配套标准，《高标准农田建设通则》规定"做什么"，《高标准农田设施设计标准》规定"怎么做"，具体规定高标农田设施设计所应达到的技术要求。《高标准农田设施设计标准》在《高标准农田建设通则》的基础上展开并细化，提出具体技术要求。

二是《高标准农田建设通则》属于工程项目建设体系范畴，主要定位在宏观层面，强调结果，是对高标准农田建设的规划选址、组织管理和综合技术指标等方面的规定；《高标准农田设施设计标准》属于工程建设标准体系范畴，主要定位在微观技术层面，强调过程，规定高标准农田各单项设施的布局、设计标准、设计原则、设计内容和设施配套等，提出单体工程的设计方法。

3. 与《高标准农田建设技术规范》的关系

《高标准农田建设技术规范》是制定高标准农田建设的规划、设计、施工、验收、运行管理和建后管护与评价的技术要求和规范，适用于高标准农田建设项目的规划书、建议书、可行性研究报告、初步设计书等文件的编制以及项目评估、立项、检查、竣工验收；而《高标准农田设施设计标准》适用于全国范围内开展的高标准农田规划和设计，指导高标准农田工程建设的选址、规划、设计、施工，两者适用范围不同。

《高标准农田建设技术规范》是《高标准农田设施设计标准》的上层标准，规定和指导《高标准农田设施设计标准》内容范围。而《高标准农田设施设计标准》是对《高标准农田建设技术规范》中的规划设计环节的规定的细化和具体化，即具体化相关参数和指标，规定建设方式和材料等。例如《高标准农田建设技术规范》的目录包括范围、规范性引用文件、术语和定义、选址条件、规划、设计、施工、验收、管理、监测、评价等内容和章节，其中的设计一章对耕作田块修整、土壤改良与培肥、灌溉与排水、农田输配电、田间道路、农田防护与生态环境保护六个标准对象做出了一般规定。而《高标准农田设施设计标准》的目录中没有施工、验收、管理、监测、评价等内容和章节，除简单的术语及涉及选址条件和规划的总体布置和设计标准外，直接依据《高标准农田建设技术规范》规定的六个标准对象进行细化、深化和具体化。

以田间道路为例，《高标准农田建设技术规范》只对田间道路的通达率、密度、宽度、荷载以及道路设计内容做了规定，而《高标准农田设施设计标准》对田间道路的规定拓展到一般规定、工程布置、机耕路、生产路、农桥几方面且细化和深化。以其中的机耕路细化为例，应包括机耕路路线设计、路基设计、路面设计和机耕路其他设施的设计。又以其中的路面设计为例，作出路面所选材料应满足强度、稳定性和耐久性要求，其表面应满足平整、抗滑和排水的要求等的具体规定。

4. 与《高标准农田建设标准》（NY 2148—2012）的关系

两者属于不同的体系范畴。《高标准农田建设标准》属于工程项目建设标准，《高标准农田设施设计标准》属于工程建设行业领域的技术标准，两者规定的内容不同。《高标准农田建设标准》主要定位在宏观层面，强调结果，要规定高标准农田建设的规划选址、组织管理和综合技术指标等；《高标准农田设施设计标准》主要定位在微观层面，强调过程，规定高标准农田各单项设施的布局、设计标准、设计原则、设计内容和设施配套等，提出单体工程的设计方法。

《高标准农田设施设计标准》是具体指导高标农田设施设计所应达到的技

术要求，是《高标准农田建设标准》的配套标准，是在《高标准农田建设标准》的基础上展开并细化，提出具体技术要求，又是有关部门制定高标准农田工程建设标准的依据。二者相互配套，互相支撑，共同为高标准农田项目建设规划、立项、可研、设计、施工、监理、评估、检查、验收等全过程提供技术依据。

5. 与《灌溉与排水工程设计标准》（GB 50288—1999）等现行水利行业标准的关系

《高标准农田设施设计标准》在制定过程中，既应吸收和采纳《灌溉与排水工程设计标准》等现行水利标准的内容，又不要大篇幅重复引用，重点点明高标准农田设计中需注意的设计参数和过程要素即可。例如，强调水利工程布置与条田布置的关系和协调性，设计参数写明关键取值，不列与其他规范相重复的设计公式，重点叙述高标准农田建设应达到的要求，但不叙述设计过程，设计过程参考相关的水利方面的标准。

三、章节与条款设置

如前所述，《高标准农田设施设计标准》要提出高标准农田工程的布局原则和技术要求，确定土地整理工程设计、田间灌排工程、农田输配电工程、田间灌排建筑物、田间道路和农田林网的布置原则及机耕道路和田间路的结构设计（路宽、面层与垫层的厚度、材质）、承载力和通过能力的要求，应用于全国范围内规范高标准农田规划、设计和施工，在标准体系中属于通用标准。所以，在前面章节中关于通用标准的工程类型划分的基础上，《高标准农田设施设计标准》制定的章节及其主要内容应该包括总则、术语及总体布置、设计标准、耕作田块修筑工程、土壤培肥改良工程、灌溉与排水工程、农用输配电、田间道路工程、农田林网工程、农田生态防护工程、农田监测设施工程。

《高标准农田设施设计标准》的章节条款设置可以归为两大类：一是总述类，二是具体工程类。前者包括总则、术语、总体布置和设计标准共四章，后者包括耕作田块修筑工程、土壤培肥改良工程、灌溉与排水工程、农用输配电、田间道路工程、农田林网工程、农田生态防护工程、农田监测设施工程共八章。

（一）总述类章节条款设置

总述类章节条款设置包括总则、术语、总体布置和设计标准 4 章，主要为总体的、基础的、一般的规定。除第四章分节外，其他 3 章没有分节，直接分条款。

第一章总则可直接分 4 条。一是为适应我国高标准农田建设的需要，提高工程建设质量，统一设计要求和方法，保证工程安全、节能环保，充分发挥工程综合效益，制定本规范；二是本规范适用于高标准农田的耕作田块修筑、土壤培肥改良、灌溉与排水、田间道路、农田林网、农田生态防护及农田监测等工程设施的设计；三是高标准农田设施设计应认真执行国家有关技术经济政策，全面搜集基础资料，进行必要的勘测、试验，鼓励采用新技术、新工艺、新材料，做到因地制宜、经济实用、方便管理；四是高标准农田设施设计除应符合本规范外，且应符合国家现行有关标准的规定。

第二章术语可直接分为 11 条。分别为：高标准农田（well - facilitied farmland）、耕作田块（plot）、田面平整度（field smooth - extent）、土壤改良工程（soil ameliorate and fertility construction engineering）、土壤肥力（soil fertility）、土壤养分平衡（soil nutrient balance）、客土（removed soil）、表土剥离与回填（topsoil stripping and backfill）、田间道路通达度（plot accessibility）、农田监测设施（farmland monitoring facilities）。

第三章总体布置可直接分为 8 条。

一是高标准农田设施建设应根据当地土地利用总体规划、高标准农田建设规划及项目区所在流域或灌区规划统筹安排。按照现代农业发展和节水、节地、节能的总体要求，将高标准农田设施建设与区域开发和水、路、电等骨干基础设施建设相结合，提高水土资源利用效率，改善农业生产条件，适应现代农业经营方式的转变，实现农田的高产稳产。

二是高标准农田设施建设应采取水利、农业、林业、科技和生态等综合配套措施，合理安排各项农田设施，实现耕作田块修筑与土壤改良培肥相结合，灌溉排水与农田节水、水土保持相结合，道路建设与农业机械化生产、耕地集约化经营相结合，农田防护与生态环境建设相结合，耕地管护与信息化建设、质量监测相结合。平原地区农田建设基本实现田园化，坡地基本实现梯田化。

三是高标准农田设施建设应调查、搜集区域的气象、水文、地形、地貌、地质等自然条件情况，土壤及耕地地基承载力、灌溉排水、道路等耕地条件情况，所在地区的相关规划、经济概况、农业生产情况、农业经营组织活动等社会经济条件情况，耕地承包经营、土体利用及种植状况、主要作物及栽培管理体系、作物产量及受灾损失、主要作物生产成本及农民收入等农业经营状况，农户的未来经营计划、高标准农田的区域形状、对引进农业机械与设备的计划、生产成本的目标等，农田规模化利用的耕地调整及其他相关事项。

四是高标准农田设施建设应综合考虑区域的地形条件、土壤条件、灌溉排水系统、公路交通网、农业经营发展需要，并与农村生活环境建设协调发展。

五是高标准农田设施总体布置应以田块为基本单元，合理布置与田块相适应的灌溉与排水工程、田间道路、农田林网、农田生态防护及农田监测设施。

六是高标准农田项目区自然条件差别较大时，应提出分区建设方案和工程建设内容，落实分区控制标准。农业生产有特殊要求时，也可提出分区建设内容和标准。

七是高标准农田各项设施布置应提出各种方案，经分析论证后提出推荐方案。能够利用现有工程设施的，则尽可能利用，不能利用的，应考虑拆除后重建。

八是结合高标准农田生产、监测的需要，合理布置耕地质量、土壤墒情、地下水位（质）、病虫害和安全监测设施，通过采用信息化手段，对高标准农田进行动态监测。

其中，第四条应包括五款。第一款是田块规模应通过地形条件、土地平整工程量、边坡稳定综合分析计算，并应分析田块宽度增加对灌溉渠道布置密度和道路工程的工程量的影响等；第二款是区域内灌排系统、道路建设应与原有系统相衔接，不应改变骨干灌排渠系及干线公路布局；第三款是应分析田块宽度增加对排水沟道密度和工程量的影响，并应分析田块规模变化后对利用大型机械作业的影响；第四款是扩大田块规模应与未来多样化农业经营形式及农业生产组织相适应；第五款是高标准农田建设应与农村生活环境建设相协调，应规划相应的农田林网、景观树草和休息场所来保全景观。

第五条应包括两款。第一款是平原区应选择条田布置方式，方便机械耕作。有固定灌溉水源时，原则上灌溉与排水渠沟宜分开布置，采用相邻或相间的布置方式。无固定灌溉水源时，应考虑利用排水沟容蓄水量，提高农作物的供水保证率。田间道路和农田林网应结合条田和灌排工程统筹布置。第二款是山丘区应选择梯田布置方式，应满足机械耕作的基本要求。有固定灌溉水源时，可采用灌排一体化布置，并满足农田防洪、排水的要求。无固定灌溉水源时，应考虑雨水集蓄灌溉措施，提高农作物的供水保证率。田间道路应结合灌排工程布置，农田林网应结合田间道路和梯田修筑布置。

第四章为设计标准，先分总体要求、耕作田块修筑工程、土壤培肥改良工程、灌溉与排水工程、农用输配电、田间道路工程、农田林网工程、农田生态防护工程共八节，再分条款。

第一节总体要求分6条。一是高标准农田建成后，耕地质量等级应达到所在县同等自然条件下耕地的较高等级，粮食综合生产能力有显著提高。耕地质量等级评定应按照《农用地质量分等规程》（GB/T 28407—2012）的有关规定执行。二是在当前农业科技应用条件下，建成后的高标准农田应能够实现高产优质的目标。不同区域主要粮食作物的目标产量指标应符合《高标准农田建设标准》（NY/T 2148—2012）的有关规定。三是高标准农田建成后，农艺配套技术和农业机械耕作水平显著提高。测土配方施肥覆盖率应达到 95% 以上，基本形成农田监测网络，田间定位监测点覆盖率达到 50% 以上，农作物病虫害统防统治覆盖率应达到 50% 以上，耕种收综合机械化水平达到 50% 以上，良种覆盖率应达到 96% 以上。四是高标准农田建设规模应在分析自然条件、作物种植状况、农业生产组织状况、农业经营规模、水田轮作和各相关规划的基础上进行确定。平原区连片面积应大于 333.33 hm²，山丘区连片面积应大于 20 hm²。北方平原区单个田块面积应大于 10 hm²，南方平原区单个田块面积应大于 6.67 hm²。山丘区单个田块面积可适当减少，但要满足农业机械耕作的最低要求。五是高标准农田设施的设计质量规定。六是高标准农田设施设计应在分析现有工程设施现状的基础上，确定改造和建设方案，并应通过相应的工程或农艺措施达到设计要求。

其中第五条可以分为 4 款。一是田块平整形成的地块边界应保持在 10 年以上；二是土壤培肥应在实施三年内达到当地中等以上土壤肥力水平；三是灌溉、排水等防渗衬砌沟渠、水工建筑物工程使用年限应不低于 15 年，田间灌排工程及附属建筑物配套完好率应大于 95%；四是田间道路设施使用年限应不应低于 15 年，完好率应大于 95%。第六条可以分为两款。一是灌溉农田可通过开挖、填筑、疏浚、衬砌田间沟渠，完善配套灌溉设施，提高工程建设标准，达到高标准农田设施设计要求；二是灌溉条件较差的旱地，根据降雨、地形、耕地等条件，合理布设塘坝、蓄水池等小型蓄水工程，做到坚固实用，提高农作物的抗旱能力，达到高标准农田设施的设计质量要求。

第二节耕作田块修筑分 2 条。一是耕作田块应实现田面平整，水田格田内田面高差应小于 ±3 cm，水浇地畦田内田面高差应小于 ±5 cm；采用喷、微灌时，田面高差不宜大于 ±15 cm；二是高标准农田土体厚度应达到 50 cm 以上，水浇地和旱地耕作层厚度应在 25 cm 以上，水田耕作层厚度应在 20 cm 左右。土体中无明显黏盘层、沙砾层等障碍因素。

第三节土壤培肥改良分 2 条。一是高标准农田的土壤肥力建设应满足获得优质高产农产品生产的需求，各区域的土壤肥力指标应符合《高标准农田建设标准》(NY/T 2148—2012) 的规定；二是高标准农田耕作层土壤重金属含量指标应符合现行国家标准《土壤环境质量 农用地土壤污染风险管控标准(试行)》(GB 15618—2018) 的有关规定，影响作物生长的障碍因素应逐渐消除，降到最低限度。

第四节灌溉与排水分 5 条。一是灌溉与排水工程的渠系工程、输水管道工程、节水灌溉工程等设计时，应首先确定灌溉设计保证率。灌溉设计保证率应根据水文气象、水土资源、作物种类、灌溉规模、灌水方式及经济效益等因素确定，并应符合表 6-1 的规定；二是灌溉水利用系数应根据水源类型、作物组成、灌水方法、渠系（管道）水利用系数和田间水利用系数等因素，根据表 6-2 确定；三是旱作区排涝标准的设计暴雨重现期宜采用 5～10 年，水田区排涝标准的设计暴雨重现期宜采用 10 年，经济条件较好或有特殊要求的地区，可适当提高标准；四是设计暴雨历时和排除时间，旱作区和水旱轮作区宜采用 1～3 d 暴雨从作物受淹起 1～3 d 排至田面无积水。水田区宜采用 1～3 d 暴雨 3～5 d 排至作物耐淹水深；五是灌溉水质标准应符合现行国家标准《农田灌溉水质标准》（GB 5084—2005）的有关规定，微灌工程的水源水质标准还应符合现行国家标准《微灌工程技术规范》（GB/T 50485—2009）的有关规定。

表 6-1　灌溉设计保证率

灌水方法	地区	作物种类	灌溉设计保证率（%）
地面灌溉	干旱地区 或水资源紧缺地区	以旱作为主	50～75
		以水稻为主	70～80
	半干旱半湿润地区 或水资源不稳定地区	以旱作为主	70～80
		以水稻为主	75～85
	湿润地区 或水资源丰富地区	以旱作为主	75～85
		以水稻为主	80～95
喷灌微灌	有固定水源的地区	各类作物	85～95

注：1. 作物经济价值较高的地区，宜选用表中较大值；作物经济价值不高的地区，可选用表中较小值。2. 引洪淤灌系统的灌溉设计保证率可取 30%～50%。

表 6-2　灌溉水利用系数设计值取值表

灌溉方式		灌溉水利用系数	渠系水利用系数	田间水利用系数	
				水稻灌区	旱作物灌区
渠灌	大型灌区	≥0.50	≥0.55	≥0.95	≥0.90
	中型灌区	≥0.60	≥0.65	≥0.95	≥0.90
	小型灌区	≥0.70	≥0.75	≥0.95	≥0.90
井灌区（渠）		≥0.80	≥0.90		
管道输水			≥0.97		
喷、微灌区		≥0.85			
滴灌区		≥0.90			

第五节田间道路分 3 条。一是机耕干道可采用双车道，路面宽度宜为 5～6 m，机耕支道可采用单车道，路面宽度宜为 3～4 m。北方平原地区取高值，南方平原及丘陵山区取低值。在大型机械作业区可适当加宽路面，路面宽度不宜超过 8 m；二是生产路路面宽度宜为 1～2 m，北方地区取高值，南方及丘陵

山区取低值。在大型机械作业区可适当加宽路面,路面宽不宜超过 3 m;三是田间通达度,平原区不应低于 100%,丘陵区不应低于 90%。

第六节农田林网工程分 2 条。一是农田防护面积比例不应低于 90%,平原区农田林网控制率不宜低于 80%;二是人工造林树种宜选择符合当地实际的速生丰产树种,更新改造完成后,造林成活率不应小于 90%,三年后保存率不应小于 85%,林相整齐,结构合理。

第七节农田输配电分 2 条。一是农用高压供电线路标称电压应控制在 6～20 kV,供电线路导线截面不宜小于 35 mm^2;二是低压供电线路标称电压为 380 V,输电功率宜小于 200 kW,输送距离宜低于 0.5 km。

第八节农田生态防护分 3 条。一是高标准农田防洪重现期宜为 10～20 年一遇;二是高标准农田水土流失区域经采取工程、生物等措施后,水土流失治理面积不应低于水土流失面积的 90%;三是高标准农田建设区与主要污染物隔离距离不应小于 200 m。

(二)具体工程类的章节条款设置

具体工程类分耕作田块修筑工程、土壤培肥改良工程、灌溉与排水工程、农用输配电、田间道路工程、农田林网工程、农田生态防护工程、农田监测设施工程共 8 章,接前面第四章排序,排为第五章至第十二章。这 8 章是对这 8 个工程建设方式、标准参数、计算方法等详细要求的规定。

1. 章节的设置

第五章耕作田块修筑工程,分一般规定、耕作田块布置、田块归并与平整、条田、梯田 5 节。第六章土壤培肥改良工程,分一般规定、土壤培肥工程、土壤改良工程、积肥设施 4 节。第七章灌溉与排水工程,分一般规定、工程布置、蓄水工程、引水工程、农用机井、泵站、灌溉渠道、沟畦灌、管道输水灌溉、喷灌、微灌、排水工程、渠系建筑物 13 节。第八章农用输配电,分一般规定、高压供电线路、低压供电线路、配电变压器、配电装置 5 节。第九章田间道路工程,分一般规定、工程布置、机耕路、生产路、农桥 5 节。第十章农田林网工程,分一般规定、林网布置、新建农田林网、低效农田防护林改造、护路林、护渠(沟)林 6 节。第十一章农田生态防护工程,分一般规定、工程布置、农田防洪、坡面防护、沟道防护、农田防污、生态景观 7 节。第十二章农田监测设施,分一般规定、土壤肥力监测、土壤墒情监测、地下水位(质)监测、病虫害监测、安全监测 6 节。

2. 条款的设置

这八章具体工程类每章第一节为一般规定,为无法纳入前面第四章设计标准的总体要求一节的部分,其他各节下的条款均为具体细致的规定,其技术性和科学性强、涉及专业多，工作量大。作者以其中的第九章田间道路工程各节的条款研编结果为例列举如下：

第九章田间道路工程，包括一般规定、工程布置、机耕路、生产路、农桥5节。第一节为一般规定，分3条。一是田间道路建设应坚持因地制宜，节约土地、保护环境、保证质量和注意安全的原则，改善农村交通条件，提高服务水平；二是田间道路根据服务功能和范围分为机耕路和生产路，机耕路可分为机耕干道和机耕支道两种类型；三是应以现有道路为主进行改造，尽量利用原有路。

第二节为工程布置，分4条。一是田间道路布置应满足农机作业、田间生产管理和货物运输的需要；二是田间道路布置应与耕作田块、灌排工程、农田防护林带等工程紧密结合；三是田间道路线路力求短而直，路线最短，联系简捷；四是田间道路布置应注意保护生态环境，防止水土流失。

第三节为机耕路，分3条，分别对路线设计、路基设计、路面设计做了规定。

第一条规定路线设计分4款。一是道路纵坡应根据地形条件合理确定，机耕干道最大坡度宜为8%～10%，极限情况不超过13%。机耕支道最大坡度宜为9%～11%，极限情况不超过15%。最小纵坡应满足雨雪水排除要求，宜为0.20%～0.40%；二是当机耕路纵坡大于5%时，连续坡长应符合表6-3的规定；三是当最大坡度超过10%时，应在限制坡长处设置缓和坡段。缓和坡段的坡度应不大于3%，长度不应小于100 m。当受地形条件限制时，机耕干道缓和段长度不应小于80 m；机耕支道不应小于50 m；四是为了行驶安全，平原区和丘陵区道路弯道的圆曲线半径不应小于20 m，丘陵区不应小于15 m，特殊的山区不应小于12 m。在道路交汇连接处应布置弧形连接段，可在曲线内侧加宽，设加宽缓和段。大型农机转弯半径宜为6～8 m。

表6-3 不同纵坡的最大坡长

项 目	数 值				
纵坡坡度（%）	6	7	8	9	10
坡长限制（m）	800	500	400	300	200

第二条规定路基设计分9款。一是路基应选用当地材料，选用施工方便和造价低廉的材料，材料要有足够的强度和稳定性，又要经济合理；二是路基宽度应根据行车道路面宽度、路肩宽度和外边坡确定；三是路基高度应根据地形而定；四是路基修筑时应按照移挖回填的原则进行，当出现大量弃土和回填土方时，应结合耕作田块修筑工程和灌溉排水工程统一安排，做到挖填土方平

衡；五是路基应分层铺筑，均匀压实；六是对影响路基高度和稳定性的地表水和地下水，必须采取拦截水的措施，将水排出路基以外；七是填方路基应采用稳定性好的材料填筑；八是挖方路基应采用稳定性好的材料填筑。九是填石路基应采用稳定性好的材料填筑。

第三条规定路面设计分 9 款。一是路面所选材料应满足强度、稳定性和耐久性要求，其表面应满足平整、抗滑和排水的要求。二是机耕路采用混凝土或沥青路面时，荷载标准为双轮组单轴 100 kN。采用砂石路面时，荷载标准为双轮组单轴 75 kN。三是机耕路路面结构由面层和基层组成。不同材料的面层和基层厚度应不低于表 6-4 的规定，当有隔水、排水、防冻要求时，可增设垫层。四是对固化类路面基层和底基层结构设计的规定。五是对水泥混凝土路面的基层的规定。六是机耕干道路面面层可选用水泥混凝土路面、沥青混凝土路面、沥青灌入式路面、沥青碎石路面、沥青表面处理路面、砂石路面等，机耕路面标准可降低。七是机耕路采用混凝土路面时，面层厚度宜为 15～20 cm；采用沥青灌入式路面时，面层厚度宜为 3～6 cm；采用沥青表面处理时，面层厚度宜为 2.50～3.00 cm；采用砂石填路面时，面层厚度宜为 1.60～2.00 cm；采用混凝土预制块时，面层厚度宜为 8 cm；采用块石路面面层厚度宜为15 cm。八是机耕路的路拱横坡应根据面层材料确定。面层为混凝土时，横坡宜为1.00%～1.50%；面层为沥青路面时，横坡宜为 1.50%～2.50%。面层为砂石路时，横坡宜为 2.50%～3.50%。面层为土层或泥结石路面时，横坡宜为3%～4%。九是路石应高出地面 3～5 cm。

表 6-4 各种结构层压实面层厚度与基层厚度（cm）

路面材料	混凝土	沥青碎石	沙石泥结石
面层厚度	≥16	≥5	≥15
基层厚度	≥15	≥15	≥15

第四条是对机耕路其他设施设计的规定，分 6 款。一是机耕路采用土质路肩，在暴雨集中地区或坡面未设截流沟的地区，可采用硬化路肩，肩宽宜为0.25～0.50 m。二是机耕路采用沥青路面时，应铺设路缘石，采用其他路面时，可不铺设路缘石。三是机耕路应设置必要的排水设施，包括路边沟、排水沟等，宜采用梯形土质断面。冲刷严重的山区路段宜设置硬化沟道，路边沟深度和宽度都不应小于 0.40 m，排水沟的深度和宽都不应小于 0.50 m。四是当机耕路与田面之间的高差大于 0.50 m 时，应设置下田坡道。机耕路跨越深度和宽度大于 0.50 m 的沟渠，应设置下田涵洞。下田坡道或下田涵洞的路面宽度宜为 3～4 m，纵坡应小于 15%。五是永久性坡口宜采用混凝土面层，坡面

应做防滑处理。六是机耕干道在急弯或交叉处，应设置标志牌，在漫水桥上应设置标杆。

第四节生产路分四条。

第一条是生产路主要供人畜和小型农用车辆通行，最大坡长应满足表6-5的规定。生产路最大坡度为11%，极限情况不超过15%。

表6-5　不同纵坡的最大坡长（m）

纵坡坡度（%）	5	6	7	8	9	10	11~15
最大坡长	1 000	800	600	400	300	200	100

注：当最大坡度超过10%时，应在限制坡长处设置缓和坡段。缓和坡段的坡度应小于3%，长度不应小于100 m。当受地形条件限制时，长度不应小于50 m。

第二条是生产路路基的规定，路基厚度宜为20~30 cm，水田区可适当加高。沿河或受水浸淹的路基，应高出5年一遇设计洪水的水位和壅高值及安全高度值。生产路路基材质宜就地取材，采用素土或砂土，夯实。

第三条是对生产路路面设计的规定，包括三款。一是生产路应设置路面和路基两层，采用素土路面不设路基层；二是生产路宜采用素土、砂石、泥结石路面或间隔石板路；三是生产路路面厚度应符合表6-6的规定。

表6-6　不同材质生产路路面厚度

路面材质	生产路厚度（cm）
素土、砂土	水田区50，旱地30
砂石、泥结石	10~20
间隔石板	8~10

第四条是生产路长度超过800 m时，可在合适位置设置错车台。错车台的路基宽度6.50 m，长度不应小于20 m，末端应设置掉头点。

第五节为对农桥的规定，分十八条。

第一条，农桥的位置应根据交通要求和工程总体要求进行布置，选择在渠线顺直、水流平缓、地形条件适宜和地质条件良好的地点，保证运行安全，结构稳定。并应满足灌排渠系水位、流量、泥沙处理的要求，适应交通、群众生产、生活的需要，宜与其他建筑物联合布置。

第二条，农桥可分为机耕桥和人行桥。机耕桥由桥面、桥身、桥墩、翼墙及基础、桥头引道、护栏、桥面防水及排水系统组成。人行桥由桥板和桥墩组成。

第三条，根据现行国家标准《灌溉与排水工程设计规范》（GB 50288—2018）的工程等级划分，农桥为五级渠系建筑物。按照公路行业规定，高标准农田建设中的农桥属于小桥。

第四条，农桥结构设计可按现行国家标准《公路桥涵设计通用规范》（JTG D60—2015）的有关规定执行。

第五条，农桥桥下净空应根据渠道加大水位及安全超高确定。

第六条，农桥主体结构应与上下游渠（沟）道平顺连接，并不改变渠（沟）道的安全性能。

第七条，对农桥下水流流态的规定，分两款。一是宜选用无压流态；二是选用有压或半有压流态时，桥前应允许短期不致造成淹没的积水深度，渠堤的填土质量要好，不致因积水水压造成失稳等。

第八条，对农桥的跨径要求。分两款，一是应满足安全通过加大流量和沟渠的设计洪水，控制桥前允许积水高度，确保渠堤稳定和渠道正常运行；二是农桥的跨径在 20 m 以内，宜采用标准跨径，标准跨径规定如下：4.00 m、5.00 m、6.00 m、8.00 m、10.00 m。

第九条，农桥宽度应与路基顶面同宽。

第十条，农桥结构设计安全等级不应低于三级。农桥应采用技术成熟、容易施工、经济实用的桥型，如钢筋混凝土梁桥、砌石拱桥和钢筋混凝土涵管桥等。

第十一条，对农桥使用的建筑材料的规定，分 3 款。一是装配式钢筋混凝土简支梁桥的桥面铺设的结构类型应与道路路面相协调，桥面应采用混凝土或沥青混凝土铺设；二是砌石拱桥的石拱可采用砖、条石或混凝土块等砌筑，拱圈厚度不小于 20 cm。桥面采用混凝土或沥青混凝土铺设；三是涵管材质可选用钢筋混凝土，内径不应小于 50 cm，涵管基础应铺设 20 cm 厚混凝土垫层。

第十二条，梁板桥结构的桥台优先选用轻型桥台，在梁端与桥台之间应设伸缩缝。拱桥的桥台选用重型桥台。墩台宜采用浆砌石或混凝土砌筑，墩身顶宽不应小于 0.60 m，埋置式桥台和岸墩前面应均匀填土夯实。

第十三条，桥梁的墩帽和台帽厚度不应小于 60 cm，横向墩帽宽度不宜小于 60 cm，纵向台帽长度与桥梁等宽。支座边缘到墩台顶部边缘的距离应视墩台构造式及上部构造的施工方法而定，顺桥向宜为 15 cm，横桥向圆弧形端头宜为 15 cm，矩形端头宜为 20 cm。

第十四条，桥梁上下游翼墙宜采用浆砌石或混凝土，砌筑成一字墙或八字墙。浆砌石挡土墙顶宽不应小于 0.40 m，浆砌石护坡厚度不应小于 0.20 m。

第十五条，对桥基设计的规定，分两款。一是桥梁基础应落在完整的基岩或强度符合要求的其他坚硬地基上，并应在基础底部铺设不小于 20 cm 的混凝土垫层。只能落在软土地基上时，应采用扩大混凝土、浆砌石基础或桩基础承台，浆砌石基础下应设置砂砾石垫层，二是平原地区天然河沟上的农桥基础埋置深度不应小于 1 m，丘陵地区不应小于 2 m，并满足冲刷要求。

第十六条，桥洞口应铺砌加固，应在洞口外采用铺筑砌石块或混凝土预制块，抵抗水流冲刷。洞口铺砌长度、厚度应根据孔径、流速、流量等因素合理确定。桥下冲刷研制时，应采用深埋的截水墙保护加固层，截水墙宜采用垂裙形式，结构尺寸按挡土墙原理确定，并用水泥砂浆浇筑，其埋置深度和厚度应根据冲刷深度确定。

第十七条，机耕桥和人行桥的两侧应设置护栏，高度不应小于 0.7 m，桥下深度小于 1.5 m 时，可采用路沿代替栏杆。路沿高度不小于 30 cm，栏杆侧向撞击力不小于 300 kg。

第十八条，为了行车安全，桥上和桥头引道的线形与道路布置相协调。桥上纵坡不应大于 4%，桥头引道纵坡不应大于 5%，引道路肩高程应高出桥前水位 0.50 m 以上。

3. 项的设置

第九章只有第三节的第二条和第三条中的部分款再分为项，具体划分如下。

第二条的第七款填方路基应采用稳定性好的材料填筑，分 5 项。一是填方路基应优先选用级配较好的砾类土、砂类土等粗粒土作为填料，填料最大粒径应小于 15 cm。二是泥炭、淤泥、冻土、强膨胀土、有机质土及易溶盐超过允许含量的土等，不得直接用于填筑路基。冰冻地区的路床及浸水部分的路堤不应直接采用粉质土填筑。三是细粒土作填料时，土的含水量应接近最佳含水量。当含水量过高时，应晾晒或掺入石灰、水泥、粉煤灰等材料进行处理。四是浸水路基应选用渗水性良好的材料填筑。当采用细砂、粉砂作填料时，应考虑震动液化的影响。五是路基边坡形式和坡率应根据填料的物理力学性质、边坡高度和工程地质条件确定。当地质条件良好，边坡高度不大于 3 m 时，其边坡坡率不宜大于表 6-7 的规定值。

表 6-7　路基边坡坡率

填料类别	边坡坡率	
	上部高度（H≤8 m）	下部高度（H≤12 m）
细粒土	1：1.50	1：1.75
粗粒土	1：1.50	1：1.75
巨粒土	1：1.50	1：1.75

第二条的第八款挖方路基应采用稳定性好的材料填筑，分两项。一是土质

路基边坡形式及坡率应根据工程地质与水文地质条件、边坡高度、排水措施、施工方法，并结合自然稳定山坡和人工边坡的调查及力学分析综合确定。边坡高度不大于 3 m 时，边坡坡率不宜大于表 6-8 的规定值。二是岩质路堑边坡形式及坡率应根据工程地质与水文地质条件、边坡高度、排水措施、施工方法，结合自然稳定边坡和人工边坡的调查综合确定。边坡高度不大于 5 时，边坡坡率可按表 6-9 确定。

表 6-8　土质路基边坡坡率

土的类别		边坡坡率
黏土、粉质黏土、塑性指数大于 3 的粉土		1：1.00
中密以上的中砂、粗砂、砾砂		1：1.50
卵石土、碎石土、圆砾土、角砾土	胶结和密实	1：0.75
	中密	1：1.00

表 6-9　岩质路堑边坡坡率

边坡岩体类型	风化程度	边坡坡率 H<15 m
Ⅰ类	未风化、微风化	(1：0.10)～(1：0.30)
	弱风化	(1：0.10)～(1：0.40)
Ⅱ类	未风化、微风化	(1：0.10)～(1：0.50)
	弱风化	(1：0.30)～(1：0.50)
Ⅲ类	未风化、微风化	(1：0.30)～(1：0.50)
	弱风化	(1：0.50)～(1：0.75)
Ⅳ类	弱风化	(1：0.50)～(1：3.00)
	弱风化	(1：0.75)～(1：3.00)

第二条的第九款填石路基应采用稳定性好的材料填筑，分 2 项。一是膨胀性岩石、易溶性岩石、崩解性岩石和盐化岩石等均不能用于路堤填筑；二是用填石料修筑路堤，应采取相应的技术措施，做好断面结构设计和排水设计，保证填石路堤有足够的强度和稳定性，并具有可供铺筑路面的坚实基础。

第三条的第四款对固化类路面基层和底基层结构设计的规定，分 3 项。一是固化类路面基层和底基层结构具有半刚性的特性，其厚度应不小于 150 mm；二是各结构层的材料回弹模量宜自上而下递减；三是沥青面层与固化类路面基层和底基层层间结合应紧密牢固，并应喷撒透层沥青，其用量宜为 0.80～1.00 kg/m²。

第三条的第五款对水泥混凝土路面的基层的规定，分 2 项。一是应选择混凝土、水泥稳定粒料、石灰粉煤灰稳定粒料或级配粒料做基层。混凝土预制块面层应采用水泥稳定粒料基层。二是基层的宽度应比混凝土面层每侧至少宽出 30～65 cm。路肩采用混凝土面层的厚度与行车道面层相同时，基层宽度宜与路基同宽。级配粒料基层的宽度也宜与路基同宽。各类基层厚度和适宜范围应符合表 6-10 的规定。

表 6-10 各类基层厚度的适宜范围

基层类型	厚度适宜的范围（cm）
水泥或石灰粉煤灰稳定粒料基层	15～25
级配粒料基层	15～20
多孔隙水泥稳定碎石排水基层	10～14
沥青稳定碎石排水基层	8～10

四、条文说明

标准规范直接提要求、做规定，不做说明和解释。为了解释相关规定和要求，说明有些参数的来源或计算推导，以便标准规范使用者更好理解和应用标准规范，标准规范文本后面一般都附有条文说明，对有些标准条文做必要的补充说明或解释。

（一）总述类章节的条文说明

由于术语一章不需要条文说明，这部分条文说明只包括总则、总体布置和设计标准三章的条文说明。

1. 总则的条文说明

总则有四条，但其中的第二条条文不需要条文说明，所以总共只有三条条文说明。第一条条文的说明是本规范制定的目的，主要是为了满足高标准农田设施设计的需要，有利于设计人员更好地开展高标准农田设施设计，保证高标准农田各项设施设计的质量，提高农田建设水平，有利于指导各地开展高标准农田建设。第三条条文的说明是在国家相关政策的指导下，根据高标准农田建设相关规划和区域水土资源平衡的要求，应做好设计前的准备工作，并全面搜集分析所需资料，是进行高标准农田设施设计的基础。第四条条文的说明是与本规范关系密切的国家和行业标准主要有《灌溉与排水工程设计规范》（GB 50288—2018）、《喷灌工程技术规范》（GB/T 50085—2007）、《微灌工程技术规范》（GB/T 50485—2009）、《农田防护林工程设计规范》（GB/T 50817—2013）、

《高标准农田建设标准》（NY/T 2148—2012）。其中，第三条条文说明包括组织准备工作和资料收集与整理的说明。

组织准备工作分四个方面。一是成立设计专题组，包括确定设计方案和组建设计人员队伍，项目负责人负责确定计划，协调部门关系，研究解决工作中的重大问题，与总工沟通确定设计方案。设计成员由有资质的专业人员组成，负责专项设计。二是全面了解项目前期工作情况，掌握项目可研的评审与批复意见等。三是确定踏勘的范围、现场交流对象，调查设施现状、设施存在问题，讨论的设计方案内容等。四是根据建设内容，安排测量和地勘任务，提出测量和地勘要求，需满足高标准农田的设计要求。

资料收集与整理包括两方面。一是搜集包括农业、水利、土地、交通、林业、电力、环保、能源等与高标准农田设施相关的法律、法规和规定及标准、规范。二是搜集当地的地形、地貌、土壤、水文、气候、地质、植被、自然灾害等自然条件资料；搜集当地的地理位置、行政区划、总面积、人口、经济条件、土地利用现状、基础设施情况、资源情况等社会条件资料；搜集与项目相关的农业、水利、土地、交通、林业、电力方面的规划报告及图纸；搜集项目区的地形图、土地利用现状图、水利工程现状图、水利工程规划图等。

2. 总体布局的条文说明

总体布局有八条，但只对第一、第五和第六条做出说明。第一条的条文说明是按照国家相关政策，高标准农田建设建成后要纳入基本农田保护区，进行永久保护。因此要高度重视高标准农田建设的选址，首先要符合土地利用总体规划和高标准农田建设相关规划，统筹区域开发和耕地保护工作；其次将农田基础设施建设与区域国土开发、水利和交通建设、现代农业发展相结合，全面提升农田基础设施保障能力，全面提高水土资源匹配能力和农业机械化水平；再次要加强田间用水管理，持续改良土壤。第五条的条文说明是在进行高标准农田规划布局时，田块布局与田间基础设施布局是个互动过程。对于改建高标准农田项目区，田块布局是第一位的，其他基础设施布局要服从于田块布局；对于新建高标准农田项目区，田块布局要服务于其他基础设施布局。高标准农田建设中的各单项工程设施的布局设计考虑当地的地貌类型，在平原地区以建设标准化条田为主，以绿植打造现代农田景观，注重水、路、林等景观协调；在山丘地区以建设水平梯田为主，要注重水土保持措施。有固定灌溉水源时，平原区灌溉与排水渠沟宜分开布置，主要考虑到灌溉和排水流量差异较大，合一布置时工程量大，增加了交叉建筑物数量。有固定灌溉水源时，山丘区可采用灌排一体化布置，主要是因为山丘区地形坡度大，合一布置会节省工程量，同时方便向农田分水。第六条的条文说明是高标准农田建设涉及多个工程项目，由于不同工程的建设条件差异大，建设标准不相同，因此将地域特点相同和经济发展水平一致的区域划分在一起，分区提出建设内容和标准，发挥高标准农田建设资金的最大效益。

3. 设计标准的条文说明

设计标准的条文说明分八节13条。其中，第三节土壤培肥改良工程没有条文说明，其他各节条文说明列举如下。

第一节总体要求有三条。第一条条文的说明是高标准农田建设项目实施后，耕地质量等级应在原有耕地质量等级基础上提高1～2个等级。第四条条文的说明是耕作田块是农田耕作的基本单元。多个连片的田块构成了农田生态系统的基质部分，该田块也是评价农地系统高效利用的主要客体。其突出特征是由末级固定渠、沟、路、林所围成的最小耕作区域。为了发挥农业机械的最大效率，也便于今后农业生产结构调整，本条给出的田块连片面积和单个田块建设规模是最小达标值。考虑到山丘区实际困难，单个田块规模可适当减少。第五条条文的说明是为体现高标准农田的特点，提高高标准农田设施的利用率，提出了高标准农田设施的设计质量要求。

第二节耕作田块修筑的条文说明有两条。一是本条给出的田面平整度和地面坡度是指在一个平整单位内，土地平整后要达到的平整标准。田面平整度也称为田面高差，是指在一定范围内的地面高程差值。对于自流灌溉区内的格田和畦田，田面高差要小一些，对于非自流灌溉区，如喷灌、微灌区，田面高差要大一些。二者都应满足作物种植、耕作和以后农业结构调整的要求。田面坡度包括两类：第一类是针对田块内的畦田而言，在土地平整时，沿灌水方向的田面应留有一定的坡度，保证水流推进流量和速度；第二类是对田块内灌水沟而言，在土地平整时，沿水流方向的田面应留有一定的坡度，同样要保证水流推进流量和速度。进行田间地面灌溉时，灌水畦、灌水沟的规格要经过试验确定。二是耕地质量的提高是个缓进的过程，开展高标准农田建设时，耕作层土壤质量首先要满足作物生长的基本要求，如耕作层厚度、有效土层等。土体厚度和耕作层厚度是指作物种植要求的最小厚度，当种植的作物有特殊要求时，二者厚度可加大。

第四节灌溉与排水的条文说明有两条。第一条条文的说明是本条结合我国灌溉工程实践经验，并根据高标准农田特点，田间灌溉工程仍采用灌溉设计保证率进行设计。表6-1所列灌溉保证率参照我国已颁布的有关设计规范、手册的有关规定拟定，如参考了《灌溉与排水工程设计规范》（GB 50288—2018）、《节水灌溉工程技术规范》（GB/T 50363—2018）、《喷灌工程技术规范》（GB/T 50085—2007）、《微灌工程技术规范》（GB/T 50485—2009）、《高标准农田建设标准》（NY/T 2148—2012）和《最新农田水利工程规划设计手册》等。第三条条文的说明是灌溉水利用系数，是根据灌区大小、水源情况、渠系布置以及渠道长度、土质、防渗措施和管理水平等因素选定。本条灌溉水利用系数参考《灌溉与排水工程设计规范》（GB 50288—2018）、《高标准农田建设标准》（NY/T 2148—2012）和《农田排水工程技术规范》（SL/T 4—2013）的有关规定，并结合高标准农田特点拟定。

第五节田间道路的条文说明有两条。第一、二条条文的说明是本条所列路面宽度，参照了我国已颁布的有关标准，如《高标准农田建设标准》（NY/T 2148—2012）、《高标准基本农田建设标准》（TD/T 1033—2012）、《土地开发整理标准》（TD/T 1011～1013—2000）的有关规定拟定。第三条条文的说明田间通达度是体现高标准农田建设区交通便捷程度的主要技术指标。通达度越大，高标准农田建设区交通状况越好，生产生活越便利。反之，通达度越小，高标准农田建设区交通状况越差，生产生活越不方便。

第六节农用输配电的条文说明有一条。农用输配电主要为抽水站、机井等供电。农用输配电设计主要包括高压供电线路、低压供电线路和变配电装置。高压线路架设应符合电力部门的有关规定，低压线路和配电装置的具体设计应符合现行行业标准《农村低压电力技术规程》（DL/T 499—2001）的有关规定。架空配电线路、电缆配电线路和配电装置的选址、选型应结合当地规划确定。

第七节农田林网的条文说明有1条。选择速生树种是为了尽早发挥林带防护效应。造林成活率和保存率指标参考了《三北防护林体系建设工程农田防护林更新改造管理办法》的有关规定拟定。

第八节农田生态防护的条文说明有3条。一是防洪标准是根据旱作区和稻田区的降雨特点提出的，暴雨标准可采用当地最易产生严重水土流失的短历时、高强度暴雨。本条参考《灌溉与排水工程设计规范》（GB 50288—2018）和《土地开发整理标准》（TD/T 1011～1013—2000）的有关规定拟定。二是高标准农田建设应以小流域为单元进行，按照流域单元划分，在高标准农田建设的同时开展水土流失治理工作。因此，本条提出的水土流失面积是针对一个流域进行计算的。三是主要污染物，是指空气中的二氧化硫、氮氧化物、粒子状污染物、酸雨、一氧化碳、氟化物、铅及其化合物以及水中的氨氮、石油、高锰酸盐、生化需氧量、挥发酚、汞和氰化物等，易造成农作物减产或粮食污染物积累，对人体有害。

（二）具体工程类章节条文说明

如前所述，耕作田块修筑工程、土壤培肥改良工程、灌溉与排水工程、农用输配电、田间道路工程、农田林网工程、农田生态防护工程和农田监测设施工程等八章，具体工程类的条款多、条文说明也多，工作量大，作者只就前述研编的第九章田间道路工程各节的条款说明如下。

田间道路工程一章包括一般规定、工程布置、机耕路、生产路和农桥五节，但条文说明中只对机耕路和农桥两节的部分条款做了条文说明。

1. 机耕路一节条文的说明

机耕路一节，只对路基、路面设计及路基、路面排水设施设置三个条文做了说明。关于路基设计条文的说明：本条主要参考《公路路基设计规范》（JTG D30—2015）、《固化类路面基层和底基层技术规程》（CJJ/T 80—1998）、《公路水泥混凝土路面设计规范》（JTG D40—2011）的有关规定拟定。路基设计还需作两点说明：一是路基是路面的基础，是田间道路工程的重要组成部分。路基与路面共同承受交通荷载的作用，应作为路面支承结构。从路基稳定性、基础处理、填料选择、路床强度、压实度、排水等方面，进行精心设计。二是在地形陡峻和不良地质地段不宜破坏天然植被和山体平衡，在狭窄河谷地段不宜侵占河床。陡坡上半填半挖路基，可根据地形、地质条件，采取护肩、砌石或挡土墙。沿河路基边缘标高应满足防洪要求，并设置必要的防护措施。

关于路面设计的条文说明：本条主要参考《公路工程技术标准》（JTG B01—2014）、《土地开发整理标准》（TD/T 1011～1013—2000）的有关规定拟定。路面设计还需作如下说明：路面的损坏不仅与其结构、面层材料有关，而且与路线线位、排水设施、路基压实度等因素有直接关系。因此，路面设计时，应结合沿线地形、地质等自然条件，因地制宜进行设计。应重视排水、边坡防护等设施的设计，以保证路面具有足够的强度、稳定性、耐久性及抗滑要求。

关于路基、路面排水设施设置的条文说明：路基和路面应设置完善的排水设施，以排除路基和路面范围内的地表水和地下水，保证路基和路面的稳定，防止路面因积水而影响行车安全。路基和路面排水可采用边沟、排水沟、截水沟、跌水、急流槽、拦水带等设施。农桥一节，只对其中的第一条至第三条的桥涵设计依据与要求、第五条农桥桥下净空、第八条农桥跨径做了条文说明。关于桥涵设计依据与要求的条文说明：高标准农田建设中，跨越渠沟的桥涵设计洪水频率不作相应规定。跨越河道的桥涵设计洪水频率，应根据当地水文资料或实际调查资料进行验算和校核，按桥涵所属的设计安全等级及其规定确定。

2. 农桥一节条文的说明

关于农桥桥下净空条文说明：本条主要参考了《灌溉与排水渠系建筑物设计规范》（SL 482—2011）的有关规定拟定，农桥净空设计还需要作四点说明：一是农桥净空应根据计算水位（设计水位计入壅水、浪高等）或最高流冰水位加安全高度确定；二是当河流有形成流冰阻塞的危险或有漂浮物通过时，应按实际调查的数据，在计算水位的基础上，结合当地具体情况留一定富余量，作为确定桥下净空的依据；三是对于有淤积的河流，桥下净空应适当增加；四是在不通航或无流放木筏河流上及通航河流的不通航桥孔内，桥下净空不应小于表 6‐11 的规定。

关于农桥跨径的条文说明：农桥跨径的设计必须保证设计洪水、泥石流、漂流物等安全通过，并应考虑壅水、冲刷对上下游的影响，确保桥涵附近路堤的稳定。应根据设计洪水流量、河床地质、河床和锥坡加固形式等条件确定。当桥、洞的上游条件许可积水时，依暴雨径流计算的流量可考虑减少，但减少的流量不宜大于总流量的 1/4。

表 6‐11　非通航河流桥下最小净空表

	桥梁的部位	高出计算水位（m）	高出最高流冰面（m）
梁底	洪水期无大漂流物	0.5	0.75
	洪水期有大漂流物	1.50	—
	有泥石流	1.00	—
	支承垫石顶面	0.25	0.50
	拱脚	0.25	0.25

第七章

高标准农田建设分区标准探讨

一、作用意义

我国地域辽阔，地形地貌、气候类型等自然条件复杂多样，呈现出显著的区域差异。同时，各地种植制度、农作物类型、耕地条件差别很大，农田建设不宜用统一的标准衡量。现行《高标准农田建设通则》等多数标准没有划分区域和类型区，虽然，《高标准农田建设标准》及《高标准农田建设总体规划》《全国土地整治规划（2016—2020）》《国家农业综合开发高标准农田建设规划》《全国新增1000亿斤粮食生产能力规划》等规划中划分了区域，但是划分方案不一，建设标准和建设规划在区域划分上存在脱节现象，农业农村部在指导各地开展农田建设时缺少统一、针对性强的分区建设标准。当前，分区域、分类型制定农田建设标准已成为我国农田建设工作的一项具体任务。《国务院办公厅关于切实加强高标准农田建设提升国家粮食安全保障能力的意见》（国办发〔2019〕50号）提出了研究制定分区域、分类型的高标准农田建设标准及定额的要求。在此背景下可通过修订高标准农田建设标准，确定更加细化的农田建设分区标准。为此，梳理农田建设分区、分类型情况，提出了分区原则和方案，探索了典型区分类型建设标准，为修订高标准农田建设标准提供了依据。

二、现行分区分类型情况梳理

作者研究梳理了《高标准农田建设总体规划》《全国土地整治规划（2016—2020）》《国家农业综合开发高标准农田建设规划》《全国新增1000亿斤粮食生产能力规划》等规划以及《高标准农田建设标准》（NY/T 2148—2012）等标准中关于农田建设区域划分情况，从分区数量、划分原则、具体分区内容等方面归纳了现行规划和标准中各种分区方案（表7-1），已有分区可归纳为 4 种划分方式。一是分为两个层级划分区域。《高标准农田建设标准》（NY 2148—2012）采用了这种方式，划分为 5 大区（一级分区）、15 个类型区（二级分区），5 大区综合考虑地域因素，全面覆盖了全国范围，15 个类型区考虑各大区内的地形地貌、土地特征等因素，进行了更加细致的划分，这种划分方法有利于区分类型区制定建设标准。二是综合区域和地形地貌等多因素划分区域。如《全国高标准农田建设总体规划》和《全国农业机械化发展第十三个五年规划》采用了这种划分方式，在区域名称上同时体现了区域位置和地形地貌特点。该方式的优点是分区类型数量适宜，有利于管理，但部分区域的划分相对较粗，不利于分区域分类型制定建设标准。三是主要考虑行政区划因素划分区域。如《全国土地整治规划（2016—2020）》划分的 9 个分区，主要考虑行政区域因素，该方式优点是有利于中央政府管理，缺点是地形地貌等因素考虑较少，不利于分类制定标准和确定不同地区亩均投资额度。四是主要考虑粮食产区因素划分区域。如《国家农业综合开发高标准农田建设规划（2011—2020 年）》分为粮食主产区和非粮食主产区，其中，粮食主产区又划分为东北区、黄淮海区和长江中下游区，这种分类的优点是能够突出高标准农田建设以粮食增产为主要目标，但是部分非粮食主产区考虑不够全面。

表 7-1　现有分区方案对比表

序号	规划/标准名称	发布时间	分区原则	分区个数	具体分区内容
1	《全国新增千亿斤粮食生产能力规划（2009—2020 年）》	2009	根据农业区划特点、生产技术条件和增产技术潜力划分	分为 4 大区，共 8 个区	1. 核心区（东北区、黄淮海区、长江流域）；2. 非主产区产粮大县（华东及华南地区、西南地区、山西及西北地区）；3. 后备区（吉林西部等适宜地区）；4. 其他地区
2	《高标准农田建设标准（NY 2148—2012）》	2012	结合不同区域的气候条件、地形地貌、障碍因素和水源条件等	5 大区 15 个类型区	1. 东北区（平原低地、漫岗台地、风蚀沙化类型区）；2. 华北区（平原灌溉、山地丘陵、低洼盐碱类型区）；3. 西北区（黄土高原、内陆灌溉、风蚀沙化类型区）；4. 西南区（平原河谷、山地丘陵、高山高原类型区）；5. 东南区（平原河湖、丘岗冲垄、山坡旱地类型区）

（续）

序号	规划/标准名称	发布时间	分区原则	分区个数	具体分区内容
3	《国家农业综合开发高标准农田建设规划（2011—2020年)》	2013	突出以粮食主产区为重点，适当兼顾非粮食主产区	分为两类，共4个区	1. 粮食主产区（东北区、黄淮海区、长江中下游区）；2. 非粮食主产区
4	《全国高标准农田建设总体规划》	2013	区域气候、地形地貌、水源、地质、土地利用条件等因素	8个分区	1. 东北平原区；2. 华北平原区；3. 北方山地丘陵区；4. 黄土高原区；5. 内陆干旱半干旱区；6. 南方平原河网区；7. 南方山地丘陵区；8. 西南高原山地丘陵区
5	《耕地质量等级》（GB/T 33469—2016)	2016	根据《中国综合农业区划》（1981年发布)，结合不同区域耕地特点、土壤类型分布	9个分区	1. 东北区；2. 内蒙古及长城沿线区；3. 黄淮海区；4. 黄土高原区；5. 长江中下游区；6. 西南区；7. 华南区；8. 甘新区；9. 青藏区
6	《全国土地整治规划（2016—2020)》	2017	行政区域划分	9个分区	1. 东北地区；2. 京津冀鲁地区；3. 晋豫地区；4. 苏浙沪地区；5. 湘鄂皖赣地区；6. 闽粤琼地区；7. 西南地区；8. 藏地区；9. 西北地区
7	《全国农业机械化发展第十三个五年规划》	2017	根据区域地形地貌、种植特点、农机化发展情况、土地利用条件等因素划分	6个分区	1. 华北平原地区；2. 东北地区；3. 长江中下游地区；4. 南方低缓丘陵区；5. 西南丘陵山区；6. 黄土高原及西北地区

综合对比以上4类区域划分方式，第一种（两级划分方式）更有利于制定标准和应用标准。通过一级分区可以整体上将行政区域划分开，便于管理；通过二级分区（即类型区）划分，可以对同一个区域内不同自然条件的农田进行划分，便于更科学地制定标准。

三、分区方案探讨

(一) 分区原则

区域划分应按照农业生产地域分异的客观规律,科学地揭示和反映高标准农田建设的区间差异性和区内一致性。每个分区内部都要有相对一致的条件、特点和问题,并同其他区域有明显的差异。这种区域间差异性和区内一致性,在范围大小不同的地区各有不同的概括程度,从而形成一个由普遍到特殊、由大同到小异的农田建设区划系统。高标准农田建设区域划分应遵循以下原则:

(1) 它是从全国范围着眼的,分区界线的划定从全国地域分异的大势出发,可不考虑省界,但考虑到行政管理,应基本保持县级行政区界的完整;

(2) 它的服务对象主要是中央有关部门,因而它必须有较大的概括性,区划体系不能太繁,分区数目不能太多;

(3) 应考虑发展农业的自然条件、地形地貌等条件;

(4) 农业生产和农田建设关键问题与建设途径及措施的一致性,如水田、旱地、洼地等尽量分在不同类型区。

(二) 分区建议

在分析评判各种划区分类方法的特点、实用性和可能性的基础上,提出了便于制定农田建设标准的区域类型划分方案。

1. 一级分区

首先,通过分析研究全国农业生产地域分异的大势可以看出,在我国领土上,最大的农业地域差异是东部和西部。东部地区热、水、土条件有较良好的配合,农业发展历史悠久,人口稠密,是我国绝大部分耕地、农作物的集中地区。西部地区气候干旱,热、水、土条件的配合上有较大缺陷,少数民族聚居区较多,农业发展历史较晚,人口稀少,劳动力不足。

在东部和西部,又可各分为南北两大部分。在东部,淮河、秦岭以北的北方地区,以旱地作为基本耕地形态,发展了一整套旱地农业生产制度,是我国各种旱粮作物的主产区。这个范围内,东北地区和华北地区由于温度、土壤条件、耕作制度等差异较大,一般也被划分开来。淮河、秦岭以南的南方地以水田作为基本耕地形态,发展了一整套水田农业生产制度,是水稻以及各种亚热带、热带经济作物的主产区。在西部,祁连山以北的西北地区,是广大的干旱气候区,农业完全依靠灌溉,祁连山以南的青藏高原以及重庆、四川、云南、贵州等地,地形地貌、温度差异较大。

以上五大地区虽然可以极概略地反映我国领土上农业的重大地域差异,但毕竟过于粗略，每个区域内部复杂多样，尤其是地形地貌决定了农田建设的措施存在较大差异，必须进行更具体的划分。

（1）东北区。涉及黑龙江、吉林、辽宁及内蒙古东部地区。东北区是我国重要的粮食生产优势区、最大的商品粮生产基地，在保障国家粮食安全中具有举足轻重的地位。该区域土地面积 104.5 万 km^2、占全国总面积的 10.9%，人口 1.14 亿，占全国总人口的 8.2%，耕地面积 2 286.67 万 hm^2，粮食产量约占全国粮食总产量的 20.1%，是我国粮食调出量最多的商品粮生产基地。本区土地资源丰富，大部分为全球珍贵的黑土资源，人均占有耕地多，且耕地相对集中连片，适宜大面积机械化作业和规模经营。土壤自然肥力高，水肥气热协调。但由于长期高强度利用，加之土壤侵蚀，导致有机质含量下降，土壤板结，犁底层浅，理化性状与生态功能退化，严重影响了该区农业的可持续发展。此外，总体上东涝西旱，蓄引提工程不足，农田水利基础设施较薄弱，抗灾避灾能力差，随着近年来水稻面积逐年扩大，地下水超采严重。农业集成技术缺乏，农技推广薄弱，大部分地区耕作方式粗放。到"十二五"期末，该区已经建成高标准农田 385.16 万 hm^2，占该区基本农田 2 093.87 万 hm^2 的 18.4%，未来仍有很大发展潜力。

该区域由黑土、草甸土、黑钙土、白浆土等黑土型土壤类型为主体，包括部分沼泽土、少量低位暗棕壤，还包括在上述土类上开发的水稻土，分布于黑龙江省三江平原、松嫩平原、吉林省松辽平原东北部以及周围山前台地（包括低丘、漫岗、河谷阶地、河漫滩及岗间洼地），地形起伏不大，大部分海拔在 50～200 m，气候大部分属寒冷湿润、半湿润类型，粮食种植制度为一年一熟。

该区域应以黑土地保护和修复治理为重点，加大土地平整力度，加强坡耕地综合治理，控制水土和养分流失，完善农田水利配套设施，推广节水灌溉技术，积极推进规模化、机械化、智能化粮食生产基地建设，提升粮食生产能力。

（2）华北区。涉及北京、天津、河北、河南、山东及内蒙古中部地区。该区域土地面积 89.53 万 km^2，占全国总面积的 9.31%，人口 3.16 亿，占全国总人口的 22.74%，耕地面积 2 460 万 hm^2，粮食产量约占全国粮食总产量的 24.74%，是我国小麦、玉米、棉花的重点产区。该区耕地资源丰富，水资源总量不足，灌溉水利用率低，地下水严重超采，水土流失普遍。由于春旱、夏涝常常在年内交替出现，平原洼地土壤容易发生盐碱化。到"十二五"期末，华北区已经建成高标准农田 673.41 万 hm^2，占该区基本农田 2 058.8 万 hm^2 的 32.7%，未来仍有一定发展潜力。

该区由北部棕壤与褐土，南部向红、黄壤过渡的黄棕壤、黄褐土等土壤类型组成，主要分布于燕山、太行山地，山东丘陵，秦岭、大巴山地，江淮丘陵山地及其周边台地。从北至南跨越整个暖温带至北亚热带，从东到西跨越湿润、半湿润带，气温从南到北递减，湿润程度从东到西递减，粮食种植制度有一年一熟、两年三熟、一年两熟等多种模式，但仍以一年两熟制最为普遍和具有代表性。

该区域以节水型农业为方向，以地下水超采综合治理和盐碱地改造为重点，完善灌排系统，大力发展高效节水灌溉，稳定粮油和蔬菜生产保障能力。

(3) 西北区。 涉及陕西、山西、甘肃、宁夏、新疆、内蒙古西部和青海北部。该区域土地面积 368.89 万 km^2，占全国总面积的 38.38%，人口 1.50 亿，占全国总人口的 10.83%，耕地面积 2 200 万 hm^2，粮食产量约占全国粮食总产量的 11.21%。新疆是国家重要的粮棉油生产基地，汾渭盆地、河套灌区已经成为我国小麦、玉米等农产品主产区。该区域地貌类型复杂，高山与盆地相间，耕地后备资源丰富，但耕地以旱地为主。土地盐碱化、沙漠化、荒漠化过程强烈，生态系统脆弱。水资源是本区农业发展的主要限制因素，水利工程设施不配套和老化失修，部分耕地没有灌溉水源或缺少基本灌溉条件，以雨养农业和绿洲灌溉农业为主。需要重点解决水土资源匹配、高效节水和培肥地力问题。到"十二五"期末，西北区已经建成高标准农田 300.57 万 hm^2，占该区基本农田 1 823.72 万 hm^2 的 16.5%，未来仍有一定发展潜力。

该区域以水土综合整治为主要方向，坚持以水定地，加强农田基础设施建设和生态保护修复，大力发展节水灌溉，修建防护林带，全面提升农田生态系统稳定性和生态服务功能，建成集水土保持、生态涵养、特色农产品生产于一体的生态型高标准农田。

(4) 西南区。 涉及云南、贵州、四川、重庆、西藏及青海南部。该区域土地面积 272.85 万 km^2，占全国总面积的 28.39%，人口 2.51 亿，占全国总人口的 18.08%，耕地面积 2 340 万 hm^2，粮食产量约占全国粮食总产量的 18.08%，是我国水稻、小麦、油菜的重点产区。该区域耕地比重小，且质量普遍较差，现有耕地中，水田和旱地约各占 50%，大部分旱地为坡耕地，水土流失较严重。地形复杂，种植业集中在成都平原和数千个小块的河谷平原、山间盆地。除少数县生产条件相对较好外，大多水土资源不匹配，耕地质量不高，加之水资源利用不当和排水系统不完善，工程性缺水、季节性干旱等问题突出，耕地质量障碍因素包括石漠化、酸化等。到"十二五"期末，西南区已经建成高标准农田 418.47 万 hm^2，占该区基本农田 1 926.88 万 hm^2 的 21.7%，未来仍有一定发展潜力。

该区域以土地生态修复为主要方向，将农田建设与小流域综合整治以及荒漠化、石漠化治理等政策有机结合，改善平坝地区农田水利工程，加强山地丘陵地区水源工程建设和坡耕地改造，建设生态型高标准农田。

（5）东南区。涉及上海、浙江、安徽、江苏、湖南、湖北、江西、福建、广东、广西、海南。该区域土地面积 125.42 万 km^2，占全国总面积的 13.05%、人口 5.57 亿，占全国总人口的 40.16%、耕地面积 2 880 万 hm^2，粮食产量约占全国粮食总产量的 28.78%，是我国水稻、小麦、油菜、糖料蔗的重点产区。该区域平原区水网稠密，耕地以水田为主，已形成平原农区的灌溉系统，稻渔综合种养规模逐年扩大，而丘陵山地区地形复杂。存在的主要制约因素包括：部分区域灌排设施不足，易发生洪涝灾害和伏旱；土壤存在酸化、冷浸潜育、耕作层变浅、水环境污染和土壤污染等问题；部分丘陵山地区水源工程建设滞后，工程性缺水严重。到"十二五"期末，东南区已经建成高标准农田 889.07 万 hm^2，占该区基本农田 2 403.4 万 hm^2 的 37.0%，未来仍有较大发展潜力。

该区域以提升排涝抗旱能力和土壤污染防控为主要方向。加大低洼涝区和环湖地区排涝体系建设，进行灌区续建配套；加强山地丘陵区水源工程建设，提升耕地地力，大规模建设旱涝保收高标准农田，切实稳定粮油和特色园艺产品生产能力。

综上，农田建设分区如表 7-2 所示。

表 7-2　农田建设分区

区域名称	区域范围
东北区	黑龙江、吉林、辽宁及内蒙古东部地区
华北区	北京、天津、河北、河南、山东及内蒙古中部地区
西北区	陕西、山西、甘肃、宁夏、新疆及内蒙古西部和青海北部地区
西南区	云南、贵州、四川、重庆、西藏及青海南部地区
东南区	上海、浙江、安徽、江苏、湖南、湖北、江西、福建、广东、广西、海南

2. 二级分区（类型区）

二级分区应根据地形地貌、自然资源情况，既要综合考虑灌溉方式和种植方式等因素，又要考虑全局，不宜划分过细。该分类方案以地形地貌为主要划分依据，每个区划分为平原和丘陵。参见表 7-3。

表 7-3　类型区划分方案

区域	类型区
东北区	平原类型区
	丘陵类型区
华北区	平原类型区
	丘陵类型区

（续）

区域	类型区
西北区	平原类型区
	丘陵类型区
西南区	平原类型区
	丘陵类型区
东南区	平原类型区
	丘陵类型区

四、分区分类型标准探讨

（一）主要建设标准指标

在综合分析现行国家、行业和地方标准的基础上，提出了农田建设标准的关键指标，既考虑国家层面的管理方便，又尽量细化指标要求。主要包括一般性指标、土地平整指标、田间道路指标、灌溉排水指标、农田防护与生态环境保持指标。其中，一般性指标包括最小田块面积和田间基础设施使用年限；土地平整指标包括田面平整度、耕作层厚度、田块长度、田块宽度；田间道路指标包括田间道路通达度、机耕路路面宽度、生产路路面宽度；灌溉排水指标包括灌溉设计保证率、排水设计暴雨重现期、设计暴雨历时和排除时间；农田防护与生态环境保持指标包括农田防护面积比例、占耕地率等指标。见图7-1。

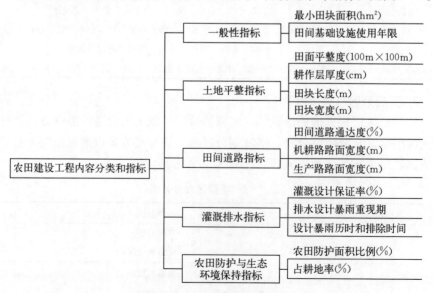

图7-1 农田建设标准指标

（二）建设标准指标内容

作者在上述五大区 10 个类型区划分和标准指标框架研究的基础上，对全国高标准农田建设主要指标及现行标准开展了调研，对各分区的建设标准赋值，得到不同区域建设标准。以东北区的两个类型区为案例，搜集了东北区 37 份典型设计案例，对比统计，综合考虑现行标准中的相关指标，对标准进一步细化，得出表 7-4 的东北区高标准农田建设标准主要指标。这些指标以东北区为例做了分析，参照此方式确定其他区域的标准指标，可作为高标准农田分区建设标准的重要参考。

表 7-4　东北区高标准农田建设标准主要指标

	指标	平原区	丘陵区
一般性指标	最小田块面积（hm²）	旱作 20～50 稻作 3.33～10	旱作≥10
	田间基础设施使用年限	水源工程不少于 20 年，灌溉渠道不低于 15 年，排水沟不低于 10 年	水源工程不少于 20 年，灌溉渠道不低于 15 年，排水沟不低于 10 年
土地平整指标	田面平整度（100 m×100 m）	稻作≤2.5 旱作、水浇地≤10	稻作≤2.5 旱作、水浇地≤10
	耕作层厚度（cm）	＞25	＞20
田间道路指标	机耕通达度（%）	100	100
	机耕路路面宽度（m）	4～6	3～6
	生产路路面宽度（m）	1～3.5	1～3.5
灌溉排水指标	灌溉设计保证率（%）	水田区 80 水浇地 75	75
	排水设计暴雨重现期	5～10 年一遇	5～10 年一遇
	设计暴雨历时和排除时间	1～3 d 暴雨，3～5 d 排至耐淹水深	1～3 d 暴雨，3～5 d 排至耐淹水深
农田防护与生态环境保持指标	宜防护农田防护面积比例（%）	90	90
	占耕地率（%）	3～6	4～5

主要参考文献 REFERENCES /////////////////

李纪岳，2015. 日本农田基础设施建设标准管理经验及启示 [J]. 工程建设标准化，(11)：299-301.

李纪岳，李树君，赵跃龙，等，2016. 日本农田建设标准体系变迁及构成分析 [J]. 世界农业，(2)：106-111.

李鑫，刘光哲，2016. 农业标准化导论 [M]. 北京：科学出版社.

刘青春，2012. 美国、英国、德国、日本和俄罗斯标准化概论 [M]. 北京：中国标准出版社.

潘传柏，杨梦云，刘明忠，2013. 日本农田水利规划概查与精查 [J]. 南水北调与水利科技，11 (4)：174-177.

沈秀英，陈德春，日高修吾，1999. 日本灌排技术规范的发展和启示 [J]. 北京水利，1：3-5.

石彦琴，赵跃龙，李笑光，等，2012. 中国农业工程建设标准体系构架研究 [J]. 农业工程学报，28 (5)：1-5.

赵跃龙，李纪岳，石彦琴，等，2018. 乡村振兴中的农业工程建设标准化 [M]. 北京：中国农业出版社.

赵跃龙，石彦琴，李树君，等，2016. 中华人民共和国工程建设标准体系（农业工程部分）[M]. 北京：中国计划出版社.

周立三，孙颔，沈煜清，等，1981. 中国综合农业区划 [M]. 北京：农业出版社.

农业部发展计划司，2015. 赴日本工程建设标准化培训专题报告 [R]：1-3.

农业农村部规划设计研究院，2016. 日本农田建设标准研究及借鉴 [R]：1-5.

公益社団法人農業農村工学会．[EB/OL] [2014-11-30] http：//www.jsidre.or.jp/.

農林水産省．食料・農業・農村政策審議会農業農村振興整備部会：日本．[EB/OL] [2015-6-5] http：//www.maff.go.jp/j/nousin/soumu/singikai/index.html.

農林水産省農村振興局，2001. 土地改良事業計画設計基準 設計「水路工」基準書・技術書 [M]. 農業土木学会．

農林水産省農村振興局計画部事業計画課，2004. 環境との調査に配慮した事業実施のための調査計画・設計の手引き-基本的な考え方・水路整備-，(社) 農業土木学会：50-84.

農林水産省農村振興局整備部設計課．土地改良工事積算基準（土木工事）[M]. 社団法人 農業農村整備情報総合センター.2001.

設計・積算・施工基準の一覧 [EB/OL]．[2015-02-10].http：//www.maff.go.jp/kinki/seibi/sekei/kokuei/tochikai/tochikai7.html.

設計・施工・入札等［EB/OL］.［2015 - 04 - 15］. http：//www. maff. go. jp/j/nousin/
  sekkei/index. html.
土地改良事業計画設計基準等［EB/OL］.［2015 - 02 - 10］. http：//www. jsidre. or. jp/
  book/.

附件 1

日本农田建设标准目录翻译资料（部分）

日本农田建设标准目录

规划设计标准：

土地改良工程规划设计标准	规划	农业用水（水田）
土地改良农业规划设计标准	规划	农场建设（水田）
土地改良工程规划设计规范	设计	水库（通用篇）
土地改良工程规划设计规范	设计	填海造田
土地改良工程规划设计规范	设计	渠首工程
土地改良工程规划设计规范	规划	水温/水质
土地改良工程规划设计规范	规划	河口改良
土地改良工程规划设计规范	设计	水路工程
土地改良工程规划设计规范	设计	管道
土地改良工程规划设计规范	设计	水路隧道
土地改良工程规划设计规范	规划	农业土地开发（开垦旱田）
土地改良工程规划设计规范	规划	农场建设（旱田）
土地改良工程规划设计规范	规划	排水
土地改良工程规划设计规范	规划	暗渠排水
土地改良工程规划设计规范	规划	农地保护
土地改良工程规划设计规范	规划	水质障碍对策
土地改良工程规划设计规范	规划	农道
土地改良工程规划设计规范	设计	泵站
土地改良工程规划设计规范	规划	土层改良
土地改良工程规划设计规范	设计	农道
土地改良工程规划设计规范	规划	农业用水（田地）
土地改良工程规划设计规范	规划	农地滑坡防止对策
土地改良工程规划设计规范	微灌	

土地改良工程规划设计规范　防风设施

土地改良工程规划设计规范　耕地集水利用

土地改良工程规划设计规范　农村环境建设

土地改良工程规划设计规范　农地开发（山地改良成农田工程）

土地改良工程设计指南　农场

土地改良工程设计指南　蓄水池建设

渠首工程的鱼道设计指南

土地改良工程设施耐震设计手册

环境协调项目调查规划设计手册

环境协调项目调查规划设计技术指针

管理标准：

土地改良设施管理标准　水库篇

土地改良设施管理标准　排水机篇

土地改良设施管理标准　渠首工程篇

土地改良设施管理标准　扬水机场篇

定额标准：

土地改良工程定额标准　土木工程

土地改良工程定额标准　机械经费

土地改良工程定额标准　调查/测量/设计

土地改良工程定额标准　设施机械工程

施工标准：

土木工程通用样书

设施机械工程通用样书

调查/测量/设计业务通用样书

土木工程施工管理标准

土木工程施工管理标准指南

设施机械工程施工管理标准

设施机械标准：

钢结构规划设计技术指南　小型水闸篇

钢结构规划设计技术指南　水闸篇

钢结构规划设计技术指南　除尘设备篇

电气设备规划设计技术指南

水管理控制方式技术指南

高压高流速泵设备规划技术指南

阀设备规划设计技术指南

农用设施机械设备更新及维护技术手册

一、规划设计标准

土地改良工程规划设计标准　规划　农业用水（水田）

2010 年（平成二十二年）7 月 15 日制定（农林水产省农村振兴局）
2014 年 6 月农业农村工学会发行

标准书

第 1 章　总论
第 2 章　调查
（基本想法、概查、精查）
第 3 章　规划
（工程规划的编制顺序、基本构想、基本计划、设施计划、管理运营计划、事业计划的评价）

技术书

1 水田地域的农业用水
2 农业用水的区分及特征
3 当地意向的调查
4 其他相关工程的调查
5 土地利用计划相关调查
6 用水量调查
7 农场单位用水量
8 栽培用于管理水量
9 设施管理用水量
10 有效降雨量
11 地区内可利用量
12 功能保护对策和更新
13 功能诊断调查和功能诊断评价
14 环境的协调（生态）
15 环境的协调（景观）
16 环境的协调（水质）
17 蓄水设施
18 取水设施
19 送水设施
20 调整设施
21 管理控制设施
22 小型水力发电设施
23 经营管理计划

土地改良工程规划设计标准　规划　农场建设（水田）

2013 年（平成二十五年）4 月 19 日制定（农林水产省农村振兴局）
2014 年（平成二十六年）6 月农业农村工学会发行

标准书

第 1 章　总论
第 2 章　调查
第 3 章　规划
（工程规划编制的顺序、基本构想、区域的设定、经营计划、区划整理计划、农道计划、用水计划、排水计划、土层改良计划、再建设计划、环境协调计划、换地计划、计划的评价、其他工程的调整）

第 4 章　施工

技术书

1 水田建设的变迁

2 土壤调查及土地耐力调查

3 直播栽培样式的分类

4 旱田轮换区域的计划

5 水旱轮作的种植计划

6 机械应用计划的研究方法

7 规划规模和农业机械作业效率的关系

8 农业机械的工作能力

9 主要倾斜方向和区划计划

10 耕作区长度的研究

11 中小区域水田耕区规划

12 倾斜地的区划形态

13 倾斜地区的重新划分整理

14 倾斜地区计划提出方法

15 田埂立面形状和行间作业的特征

16 地下管道的引入

17 自动给水塞的引入

18 自动给水管理系统的引入

土地改良工程规划设计
规范　设计　填海造田

1966 年（昭和四十一年）3 月 30 日修订（农林水产省农地局）

1966 年（昭和四十一年）3 月农业土木学会发行

第 1 章　基本要求

第 2 章　调查

第 3 章　堤防

第 4 章　排水

第 5 章　用水

第 6 章　地区内计划

土地改良工程规划设计
标准　设计　渠首工程

2008 年（平成二十年）3 月 25 日制定（农林水产省农村振兴局）

2009 年（平成二十一年）2 月农业农村工学会发行

标准书

技术书

第 1 章　渠首工程的发展历程

第 2 章　渠首工程的设施构成及构造

第 3 章　渠首工程的设计流程

第 4 章　渠首工程设计过程中必要的调查方法

第 5 章　河床变动的研究方法

第 6 章　河床的形状及河道计划

第 7 章　渠首工程的基本要素

第 8 章　治水产生的影响

第 9 章　水理模型实验

第 10 章　灌排水口处的水理设计

第 11 章　渠首工程的浸透路长、渗透量计算

第 12 章　渠首工程设计

第 13 章　固定堰的设计

第 14 章　可动堰的设计

第 15 章　土砂口的水理设计

第 16 章　护床工程的设计

第 17 章　渠首门的种类和设计

第 18 章　渠首基础的种类及设计

第 19 章　鱼道的设计

第 20 章　沉砂池的一般设计方法

第 21 章　溪流取水工程的设计
第 22 章　取水/排水的管理设施
第 23 章　护岸及高水位保护工程
第 24 章　管理设施
第 25 章　围裙的表面保护
第 26 章　地震受灾设计上的注意点
第 27 章　渠首工程施工设计的注意点
第 28 章　渠首工程用语
第 29 章　参考文献

土地改良工程规划设计 规范　规划　农业土地 开发（开垦旱田）

1977 年（昭和五十二年）1 月 18 日部分修订（农林水产省构造改善局）
1977 年（昭和五十二年）3 月农业土木学会发行

第 1 章　总论
第 2 章　规划
（种植计划、农业农地建设计划、区划计划、土壤改良计划、土层改良计划及作土计划、耕地保护计划、道路计划、排水计划、用水、换地计划、环境建设计划）
第 3 章　施工
（施工计划、工法选择原则、山地农田工程，改良山地农田工程、梯田建设工程）

土地改良工程规划设计 规范　规划　农场建设 （旱田）

2007 年（平成十九年）4 月 16 日制定

（农林水产省构造改善局）
1977 年（昭和五十二年）3 月农业土木学会发行

标准书

第 1 章　总论
第 2 章　调查
第 3 章　计划
（基本构想的形成、项目计划的形成、地区的确定、种植计划、区划计划、农道计划、排水计划、用水计划、土层改良计划、农业防灾计划、换地计划、工程计划的评价、其他工程的调整、施工、维护管理等）

技术书

1 旱田农场建设发展历史与作用
2 自然条件相关精查
3 土壤相关精查
4 种植及栽培状况的相关精查
5 环境协调的考虑
6 景观考虑下的农场建设
7 其他相关项目的调查
8 生产组织的研究案例
9 耕地体系计划研究方法
10 机械使用计划研究方法
11 农区的基本类型、所需条件
12 农区的基本类型、注意事项（普通田和林木田）
13 设施用地区域
14 机械技术效率和耕区的形状、大小
15 农业用机械的工作能力
16 灌田耕区的形状、大小
17 保护农地注意事项

18 田间道路布局
19 道路构造研究方法
20 排水渠的形状、结构、使用条件
21 暗渠排水计划研究
22 使用土地形态和灌溉方法
23 旱地的土层改良
24 气象灾害预防计划
25 鸟兽灾害预防对策
26 施工
27 施工后的农场条件变化

7 计划标准降水
8 计划标准外水位
9 洪水高峰流出量计算
10 洪水流体图表的计算
11 时期排水量的计算
12 环境的协调
13 排水渠
14 排水阀
15 泵站
16 河口改良

土地改良工程规划设计 规范 规划 排水

2006 年（平成十八年）3 月 28 日制定（农林水产省构造改善局）
2006 年（平成十八年）6 月农业土木学会发行

标准书

第 1 章　总论
第 2 章　调查
第 3 章　计划
（计划制订手续、基本构想、一般计划、主要工程计划、管理计划、工程计划的评价）

技术书

1 排水工程及技术变迁
2 居民的意见达成一致
3 调查（精查）
4 排水项目诊断及排水系统的确定
5 排水方式的确定
6 计划标准内水位

土地改良工程规划设计 规范 规划 农地保护

1979 年（昭和五十四年）7 月 7 日制定（农林水产省农地局）
1979 年（昭和五十四年）11 月颁布农业土木学会发行

第 1 章　总论
第 2 章　调查
（制图、地形/地质及土壤调查、土地利用现状调查、气象调查、排水状况及用水状况调查、道路状况调查、农地保护设施调查、农业种植情况调查、灾害情况调查、通过调查结果确定保护对策）
第 3 章　计划
（计划建立的基本理念、地区的设定、计划的研究内容、水蚀预防的原则、计划排水量、排水路工程、农业用道路、梯田）
第 4 章　计划注意事项
第 5 章　效果及评价
第 6 章　维修管理

附件：参考资料

土地改良工程规划设计
规范　规划　农道

2001 年（平成十三年）8 月 29 日制定
（农林水产省构造改善局）
2001 年（平成十三年）12 月农业土木
学会发行

标准书

第 1 章　总论
第 2 章　调查
第 3 章　计划
（基本构想的制订、项目计划的形成、
一般计划、主要工程计划、工程计划
的评价、维护管理）

技术书

1 农道建设事业的变迁
2 相关的土地改良事业计划设计基准
3 道路构造的适用案例
4 农道建设的目标设定
5 农道的分类
6 农道与周边环境协调
7 受益地调查
8 气象、水文勘查
9 地形、地质、土质调查
10 土地利用现状调查
11 农业调查
12 相关事业调查
13 人口/产业/道路调查
14 交通量调查
15 交通安全调查
16 周边环境调查
17 农民意向调查
18 道路配置计划
19 计划农业交通量
20 线性规划
21 横断面计划
22 农业用道路维持管理

土地改良工程规划设计
规范　设计　泵站

2006 年（平成十八年）3 月 17 日制定
（农林水产省构造改善局）
2006 年（平成十八年）10 月农业土木
学会发行

标准书

1 标准的定位
2 泵场的定义
3 基本设计
4 相关法律
5 设计流程
6 调查
7 基本设计
8 细化设计
9 泵站设备的设计
10 吸入管及排出管的设计
11 附属设备的设计
12 管理设备的设计

技术书

第 1 章　总论
第 2 章　泵站设计所需要的各种调查
第 3 章　基本设计

第 4 章　泵设备设计
第 5 章　主泵设计
第 6 章　主要发电机设计
第 7 章　传动装置设计
第 8 章　吸入管及排出管的设计
第 9 章　阀类设计
第 10 章　辅助设备设计
第 11 章　监视操作控制设备及电源设备的设计
第 12 章　水槽进出水设计
第 13 章　泵站设计
第 14 章　水槽进出水结构设计
第 15 章　基础工程设计
第 16 章　泵站附带设备的设计
第 17 章　管理设备的设计
第 18 章　泵站施工注意事项
第 19 章　泵站运行管理
第 20 章　泵站用语集
参考资料

土地改良工程规划设计
规范　规划　土层改良

1984 年（昭和五十九年）1 月 12 日制定（农林水产省农地局）
1984 年（平成五十九年）10 月农业土木学会发行

第 1 章　总论
第 2 章　调查
（调查程序，调查项目）
第 3 章　计划
（计划的基本制订流程、地区范围的决定、土地利用计划、种植计划、事业实施方式的确定、土层改良计划、计划期施工注意事项、相关的其他事业的调整，计划的综合评价）
参考资料

土地改良工程规划设计
规范　设计　农道

2005 年（平成十七年）3 月 28 日制定（农林水产省结构改善局）
2005 年（平成十七年）10 月农业土木学会发行

标准书

1 标准的定位
2 农业用道路的分类
3 农业用道路的构成
4 基本要求
5 应遵守的相关法令
6 程序设计
7 调查
8 基本设计
9 细节设计
10 基础地基及路体
11 立面
12 路床
13 铺装
14 排水设施
15 主要构造物
16 附属构造物
17 交通安全设施和交通管理设施
18 施工
19 管理

技术书

第 1 章　总论

第 2 章　调查

第 3 章　基本设计

第 4 章　基础地基的设计

第 5 章　立面设计

第 6 章　路基及铺装的设计

第 7 章　排水设施的设计

第 8 章　主要结构物的设计

第 9 章　附属构造物的设计

第 10 章　交通安全设施的设计

第 11 章　交通管理设施的设计

第 12 章　道路施工注意事项

土地改良工程规划设计
规范　设计　农业用水
（旱田）

1997 年（平成九年）6 月 3 日制定
（农林水产省构造改善局）

1997 年（平成九年）9 月农业土木学
会发行

标准书

第 1 章　总论

第 2 章　调查

（调查的基本步骤、概查、精查）

第 3 章　计划

（项目计划制订步骤、基本构想、基本
计划、设施计划、管理运营事业计划、
计划的评价）

技术书

1 农业用水的划分及其特征

2 土壤的调查

3 进气率的调查

4 土壤水分相关调查

5 其他项目相关调查

6 灌溉方式的特点和其选定的条件

7 日耗水量等计划的确定

8 计划间断天数和单次的计划灌溉
　水量

9 微灌溉计划日耗水量等的确定

10 设施田地（房子）计划日耗水量

11 栽培管理用水量的确定

12 计划用水量的确定

13 喷灌的分类和选定

14 喷灌的布局特性

15 喷灌配管方式的确定

16 喷灌管路的设计和管材

17 微灌溉

18 地表灌溉

19 培肥灌溉

20 基层灌溉设施中调节装置的分类和
　选定

21 排水槽

22 供水设施的规模和配置

23 供水设施的设施容量和自由度

24 农场磅

25 配管直径的确定

26 药液和肥料混入处理

27 供水方式种类确定

28 调整池

29 综合水处理研究

30 水渠的形式和结构
31 附属设施的形式和结构
32 地下水工程
33 蓄水设施
34 管理控制设施
35 管理计划
36 一般的年效果
37 系统的计划和综合评价

土地改良工程规划设计
规范　规划　农地滑坡
防止对策

2004 年（平成十六年）3 月 12 日制定
（农林水产省构造改善局）
2004 年（平成十六年）6 月农业土木
学会发行

标准书

第 1 章　总论
第 2 章　调查
第 3 章　计划
（基本构想的制订、项目计划的形成、
一般计划、主要工程计划、工程计划
的评价、维护管理）

技术书

Ⅰ通用篇
1 农地滑坡防止对策的演变
2 用语定义
Ⅱ调查篇
1 调查方法的选择
2 调查位置的选择
3 地形调查

4 受灾调查
5 地质调查
6 土质调查
7 水文气象调查
8 地下水调查
9 地面移动量调查
10 周边环境调查
11 调查结果的整理
Ⅲ计划设计篇
1 强度系数
2 间隙水压
3 稳定性分析
4 地表水排除工程
5 地下水排除工程
6 防侵蚀工程
7 斜面改良工程
8 抑制工程
9 滑坡地区的农场建设
10 应急对策
11 地下水排除工程的维护管理
资料篇

土地改良工程规划
方针　微灌

1994 年（平成六年）4 月 8 日制定
（农林水产省构造改善局计划部）
1994 年（平成六年）6 月农业土木学
会发行

第 1 章　总论
第 2 章　用水计划
（用水计划的基本框架、消费水量和计
划日消费水量、土壤浸润模式）
第 3 章　组织计划

（灌下设施的构成、末端组织灌下设施容量、微灌下设施的水理）

第 4 章　管理

（除杂装置、管理灌下用水的水质、出水支管的维护管理）

土地改良工程规划
方针　防风设施

1987 年（昭和六十二年）9 月 7 日部分修订（农林水产省构造改善局）

1987 年（昭和六十二年）2 月农业土木学会发行

第 1 章　总论

第 2 章　调查

（调查顺序、受灾情况调查、意向调查、地形调查、气象调查、土壤调查、经营动向调查、其他相关事项调查）

第 3 章　组织计划

（计划、设计的程序和标准、基本风向和设计风向、防风设施的配置、防风设施的选择、防风设施的构造）

第 4 章　施工维护管理

（防护林、防护林网、防风栅）

参考资料

土地改良工程规划方针
耕地集水利用

1990 年（平成四年）4 月 10 日制定（农林水产省构造改善局计划部）

1990 年（平成四年）5 月农业土木学会发行

第 1 章　总论

第 2 章　调查

（调查程序、调查内容）

第 3 章　计划

（制订计划的步骤、基本构想以及基本计划、集水组织计划、用水利用组织计划）

第 4 章　维护、管理

（集水域的维护管理、设施的维护管理、水质管理）

土地改良工程规划
方针　农村环境建设

1997 年（平成九年）2 月 28 日制定（农林水产省构造改善局计划部）

1997 年（平成九年）8 月农业土木学会发行

第 1 章　总论

第 2 章　乡村道路

（基本框架、调查、整治计划、维护管理）

第 3 章　乡村排水设施

（基本框架、调查、乡村排水事业计划、处理区计划、乡村排水设施计划、循环再利用计划、维护管理计划）

第 4 章　农业经营和饮用水设施

（基本框架、调查、计划、管理人员）

第 5 章　农村公园绿地

（基本框架、调查、整治计划、维护管理）

第 6 章　村落防灾安全设施

（基本框架、调查、计划、管理人员）

第7章 水边环境设施
（基本框架、调查、基本构想、基本计划、维护管理）
第8章 地区能源利用设施
（基本框架、地区能源利用计划、地区能源利用设施的计划、维护管理计划）

土地改良工程规划方针 农地开发（山地改良成农田工程）

1990年（平成四年）5月28日制定（农林水产省构造改善局计划部）
1990年（平成四年）8月农业土木学会发行

第1章 总论
第2章 调查
（调查项目及步骤及地形地质调查、用地调查、土地资源调查、气象水文及水利调查、道路状况调查和环境保护调查、社会经济条件调查、低收入阶层的农家调查、开发方向调查及相关项目调查）
第3章 计划
（基本构想、整治目标的设定、制订计划的程序、地区的设定和地区面积、务农企划、土地利用计划、农场建设计划、耕作计划、土层改良计划、废水处理技术计划、排水计划、防灾保护计划、环境整备计划、换地计划）
第4章 施工计划
第5章 维护管理计划
第6章 项目的效益

参考资料

土地改良工程设计指南 农场

平成十一年三月一日制定（农林水产省结构改善局建设部）
平成十一年三月农业土木工程学会发行

第1章 总论
第2章 调查
第3章 基本设计
第6章 基础设计
第7章 附属设施
第8章 施工
附录：设计计算案例

土地改良工程设计指南 蓄水池建设

平成十八年二月三日（农林水产省农村振兴局整顿部）
平成十八年二月农业土木工程学会发行

第1章 普通事项
第2章 调查
（蓄水池调查、材料调查）
第3章 设计
（蓄水池维修工程设计的想法、设计洪水流量堤身设计、洪水口的设计、取水设施设计、紧急放流设备设计）
第4章 施工
（施工计划、施工、施工管理）
参考资料

渠首工程的鱼道 设计指南

农林水产省农村振兴局整备部设计科监督

平成十四年十月农业土木工程学会发行

第 1 章　总论
第 2 章　调查
［调查（基础数据的收集和把握）、鱼类等生态、设计条件、鱼道的位置、鱼道型号选择的注意事项］
第 3 章　设计
（水理一般设计、水池鱼道类型、水路鱼道类型、混合式/综合式鱼道混合动力、结构设计、设计的注意事项、水理模型实验）
第 4 章　评价管理
（鱼道的维护管理、鱼道的改善、鱼道评价）
参考资料
（用语解释、鱼道内部调查案例、鱼道设计案例、鱼道图片说明、鱼的活力）

土地改良工程设施 耐震设计手册

农林水产省农村振兴局整顿部设计科监督

平成十六年三月农业土木工程学会发行

第 1 章　总论
第 2 章　基本方针

第 3 章　调查
第 4 章　设计条件
第 5 章　设计手法
（耐震设计等级、震级法、动态分析法、安全性检查）
第 6 章　每个设计程序
第 7 章　液化的讨论
第 8 章　耐震诊断
参考资料

环境协调项目调查 规划设计手册

1 水路建设的基本考虑方法

主编：农林水产省农村振兴局计划部事业计划科
参编：社团法人农村环境整理中心
平成十六年十二月农业土木工程学会发行

第 1 章　总论
第 2 章　基本方针
第 3 章　调查
第 4 章　计划
（基本事项、计划制订的基本框架、计划制订、区域内签订协议的活动）
第 5 章　设计
（设计注意事项、设计的方式、施工计划和施工注意事项、监控）
参考资料

2 蓄水池建设、农道建设

主编：农林水产省农村振兴局计划部事业计划科

参编：社团法人农村环境整理中心
平成十六年十二月农业土木工程学会
发行

蓄水建设
第1章　一般事项
第2章　调查
第3章　计划
第4章　设计
第5章　维护管理

农道建设
第1章　一般事项
第2章　调查
第3章　计划
第4章　设计
第5章　维护管理

3 农场建设（水田、旱田）

主编：农林水产省农村振兴局计划部
事业计划科
参编：社团法人农村环境整理中心
平成十六年十月农业土木工程学会
发行

第1章　目的和范围
第2章　一般事项
第3章　调查、计划
（调查计划的基本住宅地区范围、农民
居住区域、农民参与协议及参与调查
注意事项、计划注意事项）
第4章　设计、施工
（基本设计的讨论、事项、施工的内容）

第5章　维护管理、监控
第6章　环境因素
参考资料
（生态系统恢复等五项原则）

4 农业农村整备项目的生态系统的技术指南

第1章　技术方针的目的和利用
第2章　农村地区的特征和生物多样性
第3章　网络保护、形成的基本想法
第4章　计划调查
第5章　设计、施工
第6章　管理人员、监控用语集
引用文件、参考文献

5 农业农村整治项目的景观的指南

第1章　目的
第2章　农村景象特点和农业农村整备发展过程
第3章　农村的景观保持
（农村美丽景观的总体考虑）
第4章　景观设计的对策
（景观设计的对策，居民对景观的态度）
第5章　调查
（调查方式、基础调查、详细调查）
第6章　计划
（计划的方式、基本构想、景观设计计划）
第7章　设计、施工及维护管理用语集
引用文件、参考文献

附件 2

日本农田建设标准文本样式

土地改良事业规划设计标准（部分）

规划

（暗渠排水）

标准书
技术书

平成十二年（2000 年）十一月
农林水产省构造改善局

12 构改 C 第 517 号
平成十二年（2000 年）十一月十五日

各地区农政局长
北海道开发局长
冲绳综合事务局长
北海道知事

农林水产事务次官

土地改良事业规划设计标准关于修订规划"暗渠排水"

　　《土地改良事业规划设计标准　规划　暗渠排水》如附件所示，请予以确认，并在开展土地改良事业规划设计时参照执行。

　　因此，《关于制定土地改良事业规划设计标准（规划暗渠排水规划农地保护）》（昭和五十四年七月七日 54 构改 C 第 377 号农林水产十五次官依命通知）中（规划暗渠排水）被废止。

　　以上，特此通知。

12 构改 C 第 518 号

平成十二年（2000 年）十一月十五日

各地农政局长
北海道开发局长
冲绳综合事务局长
北海道知事

构造改善局长

土地改良事业规划设计标准关于规划"暗渠排水"的运用

　　随着平成十二年（2000 年）十一月十五日 12 构改 C 第 517 号土地改良事业规划设计标准的修订，关于其运用如附件所规定，请参照执行。

　　因此，《关于制定土地改良事业规划设计标准（规划暗渠排水规划农地保护）》（昭和五十四年七月七日 54 构改 C 第 378 号构造改善局长通知）中（规划暗渠排水）被废止。

12 - 11
平成十二年（2000 年）十一月十五日

各地农政局规划部长
北海道开发局农业水产部长
冲绳综合事务局农林水产部长
北海道农政部长

构造改善局规划部资源科长

关于土地改良事业规划设计标准规划"暗渠排水"的标准以及使用的说明

关于土地改良事业规划设计标准规划"暗渠排水"的修订（平成十二年十一月十五日 12 构改 C 第 517 号农林水产十五次官通知）以及土地改良事业规划设计标准规划"暗渠排水"的运用（平成十二年十一月十五日 12 构改 C 第 518 号农林水产省构造改善局长通知）修订，随之制定了如附件所示的土地改良事业规划设计标准规划"暗渠排水"的标准以及运用解说，请在实施土地改良事业时进行参考。

12 - 11

平成十二年（2000 年）十一月十五日

各地农政局规划部长
北海道开发局农业水产部长
冲绳综合事务局农林水产部长
北海道农政部长

构造改善局规划部资源科长

关于土地改良事业规划设计标准规划
"暗渠排水"的技术书

　　关于土地改良事业规划设计标准规划"暗渠排水"的改定（平成十二年十一月十五日 12 构改 C 第 517 号农林水产十五次官通知）以及土地改良事业规划设计标准规划"暗渠排水"的运用（平成十二年十一月十五日 12 构改 C 第 518 号农林水产省构造改善局长通知）修订，随之制定了如附件所示的土地改良事业规划设计标准规划"暗渠排水"的技术书，请在实施土地改良事业时进行参考。

目　　录

1. 土地改良事业规划设计标准
　 规划"暗渠排水"标准书

2. 土地改良事业规划设计标准
　 规划"暗渠排水"技术书

修　订　原　则

1. 修订原则

土地改良事业规划设计标准，是为了正确有效地实施土地改良事业而制定的技术标准，其中与调查/规划相关的技术标准是规划标准。

暗渠排水相关技术标准始于昭和三十年（1955年）十二月一日农林水产省农地局制定的《土地改良事业规划设计标准第2部规划第8编暗渠排水》，昭和五十四年（1979年）七月七日制定了《土地改良规划设计标准规划暗渠排水》并沿用至今。这个标准以实现提高作物的生长环境和农作业机械效率为目的。

但是，随着近年来农业形势的变化，在暗渠排水规划的制定方面，也必须要考虑到水田的利用、节约劳动力等方面的问题。

并且，依据粮食/农业/农村基本法的理念，为了确保粮食的稳定供给，农业的可持续发展等等，参照应对需求规划性生产大米和在水田中生产小麦、大豆、饲料作物等的综合对策，有必要制定对应细致的排水政策的规划。

根据这样的情况，在改定规划标准内容的同时，我们决定沿着规划标准再编的基本方针再次编纂技术方法。

2. 修订过程

在制定此规划及标准时，于平成八年（1996年）设立了由社团法人田地农业振兴会为事务局的具有学识经验的人士以及农林水产省相关责任人组成的《土地改良事业规划设计标准　规划　暗渠排水》讨论委员会进行规划准备案的制作，听取地区农政局、都道府县等相关人士的意见，作成了最终原案。

并且关于此项原案，平成十一年（1999年）3月咨询了灌溉排水审议会，经过审议会的讨论审议，做出了平成十二年（2000年）3月通过咨询案的决定。

另外，《土地改良事业规划设计标准　规划　暗渠排水》讨论委员会成员构成如下（所属依据平成十一年时情况）。

委员长：（略）

委员：（略）

行政干事：（略）

并且，作为事务局参加到讨论委员会中的成员如下。（略）

3. 规划标准的再编

同时确保规划标准本来应具备的规范性和技术所要求的即时性、灵活性、选择性等等，为了有利于农业农村完善事业正确顺利的执行，今后所制定的规划标准将进行如下再编使其更加完善。

［平成五年即 1993 年通过排水审议会技术部会（平成六年即 1994 年三月二日）审议］

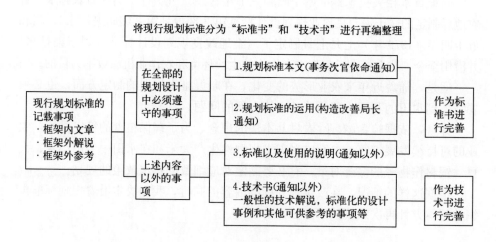

4. 标准（事务次官通知）的构成

本规划标准分为"总论""调查""规划""施工""维持管理"5章，各章的构成如下。

第 1 章　总论

作为本标准的总论，规定了本标准的目的、适用的范围。

第 2 章　调查

关于在制订规划上所必需的调查，规定了其方针、项目以及内容、必要性的判断。

第 3 章　规划

关于规划，规定了其顺序、项目以及需注意的内容等。

第 4 章　施工

规定了施工时需要留意的地方。

第 5 章　维持管理

规定了关于工程竣工后维持管理的一些基本事项。

5. 技术书的内容

在技术书中，以标准书中末能详尽说明的各种技术解说为中心展开记述。

土地改良项目规划设计标准

规划
暗渠排水

标准书

标准（事务次官通知）	标准的运用（构造改善局长通知）
第 1 章　总论	**第 1 章　总论**
1.1　本标准的目的 本标准的目的是，在土地改良法（昭和 24 年即 1949 年法律第 195 号）的基础上，制订与暗渠排水相关的土地改良事业规划（以下简称为"规划"）时，规定其必需的调查规划手法的基本事项，使土地改良事业正确且有效地进行。 **1.2　暗渠排水的目的和完善目标** 暗渠排水的目的是，使农田水位容易管理，改善作物的生长环境，改善农作业的环境，提高农业机械的工作效率。 在有必要进行排水改良的规划对象地区（以下简称"地区"），设定可以达成暗渠排水目的的可行性高的目标。	**1.1　本标准的目的** 与暗渠排水相关的土地改良事业规划（以下简称"规划"）是根据土地改良事业规划设计标准规划"暗渠排水"（以下简称"标准"）和本标准的运用而正确且有针对性地制订的规划。 本标准记录了调查-规划作业的步骤，制订规划的想法以及适用技术基本注意事项，并不是将自然、社会等不同个体的条件单纯合并统一，需要根据地区实际情况和技术进展情况灵活运用。 **1.2　暗渠排水的目的和完善目标** 暗渠排水的主要目的： ① 使场圃的水管理易于进行， ② 改善作物的生长环境，改善农作业的环境，提高农业机械的工作效率。 关于水田，可以根据此项提高适用性，另外， ③ 除去土壤中的盐分， ④ 促进融雪，防止冻伤，提高地表温度等也为其目的。 在制订规划时，需要设定以下事项的具体完善目标： ① 土壤状态， ② 地下水位， ③ 透水性， ④ 土地耐力 。

标准以及使用的说明（非通知）

标准 1.1 以及标准的运用（以下简称为"运用"）1.1 中，在规定本标准目的的同时，明确其地位。

1. 本标准的适用范围

暗渠排水在田块完善、土地改良综合完善、田地地带综合完善等工作中被广泛应用。在制订暗渠排水的规划时，为了使作业有效且易于进行，应充分考虑规划对象地区的特性，制订出最适合地区实际情况的规划。并且，最重要的是依据规划指定负责人的经验做出准确判断，并发挥固有的创造力做出符合当地实际情况的最好的规划。

（续）

标准以及使用的说明（非通知）

在本标准中，主暗渠的目的是将"地表残留水"以及过多的"土壤中的重力水"排除到场圃之外，它是一种将可以促进水流入沟渠中和具有吸水性能的管道中的疏水器材的两端，埋设到土壤之中的排水设施。因此，引入吸水管道埋设的"穿孔暗渠（有材）"和放入到挖掘出来的沟壕等等的枝条、稻壳等作为疏水器材埋设的"简易暗渠"也有可能被当作本暗渠来进行施工。

并且，辅助暗渠是指在仅依靠本暗渠不能得到务农所必需的土地耐力的时候，为了进一步适用本暗渠的排水功能，作为辅助进行施工的排水设施。不使用暗渠材料在土壤中设置通水孔的弹丸暗渠、切断暗渠以及穿孔暗渠总称"无材暗渠"，"穿孔暗渠（有材）"以及"简易暗渠"一般作为辅助暗渠进行施工。

此外，在本标准中主要记载的是，在主暗渠中主要埋设管道和疏水器材，进行来水的设施相关的规划、设计、施工的想法，以及为适用主暗渠的功能而进行施工的辅助暗渠的规划、设计、施工的想法。

2. 和其他标准等的关联

关于与本标准相关的其他土地改良工作规划设计标准，在尊重各种标准宗旨的基础上相互组合进行使用。

标准 1.2 以及运用 1.2 中，规定了设定有关暗渠排水的规划的目的以及完善目标。

由于暗渠排水的实施使作物的生长环境变好，具体是指以下内容：

地下水位降低，提高土壤的通气性，提高地表温度，使微生物活动更加频繁，提高施肥效果，促进作物根部的伸长，由此提高作物的产量。

并且，改善务农作业的环境，提高农业机械的工作效率是指，能够使水田水位及时下降、旱田在降雨后水位及时下降，在确保农业机械运转所必要的土地耐力、提高作业效率的同时，不妨碍合适时期进行作业。

后 记 POSTSCRIPT ///////////////

要想完成高标准农田建设任务，实现粮食安全目标，必须实行高标准建设，严格要求管理。要想高标准建设，必须有高标准可依。此外，还要有一些强有力的措施。因此，作者就高标准农田建设及其标准化发展提出如下七条建议。

一是构建规划体系。各省（自治区、直辖市）要根据全国高标准农田建设总体规划确定的目标、任务和要求，编制省级高标准农田建设规划及县级高标准农田建设方案，形成自下而上、层层衔接的国家、省、县三级高标准农田建设规划体系，分解落实建设任务，明确重点区域，确定重大工程和重点项目，确保各类项目落实到地块。

二是建立投入机制。各级政府要明确标准农田建设的基础性、公益性地位，将其纳入财政优先安排领域，切实加大投入力度，稳定和拓宽投资渠道，要加快启动一批具有带动作用的标准农田建设工程项目。对维护提标建设的农田，逐年加大"一事一议"的补助，确保标准农田的工程寿命周期。要建立健全社会各界投资建设标准农田的激励机制，制订积极的财政补贴、税收优惠等扶持政策，引导社会资金进入标准农田建设领域，逐步建立政府主导、社会参与的稳定投入机制。

三是规范监督检查。健全高标准农田建设监督检查的工作制度、体系和程序，重点检查监督各地年度任务安排、任务完成和资金投入情况。研究制订出台高标准农田项目建设和资金管理红线。规范审计监督，审计部门要出台对建设项目实施全过程监督的实施办法，确保各项工作有序开展和资金安全高效运行。促进监督检查工作制度化和规范化，不增加地方负担，让各地各部门消除顾虑，大胆投入工作。通过监督检查加强地方指导，确保不出现系统性、区域性的建设风险和廉政风险。

四是实施动态管理。加快建设全国高标准农田建设空间信息管理系统，建立高标准农田档案管理制度，为高标准农田地块、基本情况、资金使用、任务执行等有关资料建立档案，并动态监测高标准农田建设进程、产出能力、地力情况等。逐步推行高标准农田建设管理空间化、数字化和信息化，尽快实现全国农田建设"一张图、一本账、一本册",进而实现高标准农田建设动态监管。

五是健全管护制度。明确高标准农田及其设施所有权和使用权归属及转让机制,按照"谁使用、谁管护"的原则,确定管护主体、管护责任和管护义务,建立长效管护机制,确保工程长久发挥效益。鼓励赋予村集体所有权。制订高标准农田管护奖励实施办法。鼓励市级政府负责协调落实对公益性较强的灌溉渠系、喷滴灌设备、机耕路、生产桥、农田林网等的运行管护,督促县级适当给予运行管护经费补助。

六是健全绩效考核机制。各级人民政府要结合本地实际,把规划实施与领导干部考核结合起来,灵活制订高标准农田建设工作绩效考核体系。探索全过程绩效考核办法,加强对竣工验收和后期管护责任的考核。科学设定农田建设项目绩效目标,采用委托第三方等方式开展监督检查和绩效评价。建立高标准农田建设县长负责制。加大粮食主产县(市、区)高标准农田建设考评权重。

七是加强标准化建设。标准化农田建设是在新形势下对田间基础工程建设提出的新要求,加强对不同区域标准农田建设的实用性技术研究,紧密结合农业生产实际和耕作制度改革,制定不同区域、不同耕地类型的标准农田建设标准和相关技术规程。

关于农田建设标准化有如下六条建议。

一是完善农田建设标准体系。农田建设工程的施工、验收、维护、运行、再建、改造、升级,都需要做若干个规划、设计、定额,包括精细化测量。通过实施工程建设标准,可以避免稀里糊涂地建、建完以后利用率低的情况出现;避免建十年用三年,需求升级再改造的现象发生。此外,由于新产品、新技术不断涌现,我国的社会经济文化发展迅速,所以农田建设标准也要动态发展。因此,在制修订农田建设标准时,要积极研究国外先进标准的有关技术要求,对现行建设标准中有明显缺陷、阻碍新技术推广应用的规定及时进行修改;将成熟的新经验、新技术、新成果及时纳入标准中以利于推广应用,从而保持标准的适用性、可靠性和先进性,以适应政府投资工程决策和建设管理的需要。农田建设是一个系统工程,一个标准解决不了农田建设的所有标准问题,必须建立并制定一套农田标准体系。

二是加强农田建设标准前期研究,注意前期基础数据的搜集和分析工作。由于我国地域差距很大,经济发展水平参差不齐,为提高建设标准的科学合理性,要重视对各地基础数据的长期跟踪、搜集、分析工作,为定量化的标准提供数据支持。加强标准编制过程中的研究。在标准专项里面,增加支持农田工程建设标准前期研究的经费,在此基础上,将标准的制定纳入计划,把这项工作文本化、格式化、稳定化。日本标准编制的前期工作非常充分，标准体系里面包含被称为"其他技术资料"的内容，主要是研发阶段的详细技术统计资料和可供参考的课题研究成果，在之后施工实践经验充足、技术成熟的时候，才有可能逐渐升格为规划标准或设计标准，因此也被视为"预备标准"，值得我们借鉴。

三是强化政府对农田建设标准的管理，重视标准化体制中政府所扮演的角色。目前我国的标准化改革方向是建立政府主导制定的标准与市场自主制定的标准协同发展、协调配套的新型标准体系，健全统一协调、运行高效、政府与市场共治的标准化管理体制，形成政府主导、市场驱动、社会参与、协同推进的工作格局。在这个标准化工作变革的阶段，政府部门应明确农田建设标准化工作中政府与市场的关系，农田建设等基础性、公益性的标准应该更加注重政府的主导作用。

四是加强标准的信息公开及其宣贯。在建设标准的监督方面，除了要成立专门的标准实施监督检查机构，还要注意将有关标准编制、实施、管理等信息公开，让公众能方便地检索到有关信息，并使公众的意见和建议能够通过完善的制度反映到政府部门，并得到重视。

五是建立健全的规章制度和管理规范，出台农田建设标准规范制定管理办法。标准规范管理应强化过程管理，明确职责，完善制度和流程，填补管理漏洞。标准规范管理本身就应该采用标准化的方法来开展，抓好每个环节，做到有目标、有考核、有方法。需要进一步明确技术归口单位、主编单位、标准编制组的责任，继续完善从标准立项、征求意见、审查和报批以及复审等标准的全寿命周期过程的工作目标和要求。

六是建立农田建设标准培训机制。在确保标准本身具有很好的可实施性和可操作性的基础上，建立农业工程建设标准的培训机制及其管理制度。首先，建立完善的培训机制，使标准培训制度化。农业农村部和地方各级政府相关主管部门应当对重要的工程建设标准组织培训，对培训的内容、学时提出具体明确的要求，确保专业技术人员每年学习培训的最少时间，将其学习档案与其职务考核、评级和晋升相挂钩，从而引起从业人员对培训的重视。其次，应建立完善的工程建设标准培训机构管理制度。加强对培训机构的管理是保障培训顺利实施的前提，管理的重点是对培训机构能力的认证和认可。农业农村部应按照资质条件确定合格的社会培训机构，合格的社会培训机构需要向农业农村部备案并向社会公示，接受社会的监督。为培训机构建立信用档案，如果发现违规现象，取消其培训资格。

图书在版编目（CIP）数据

我国农田建设标准研究 / 赵跃龙，李纪岳，石彦琴
著 . —北京：中国农业出版社，2020.12
ISBN 978 - 7 - 109 - 27537 - 9

Ⅰ.①我… Ⅱ.①赵… ②李… ③石… Ⅲ.①农田基
本建设－标准化－研究－中国 Ⅳ.①S28 - 65

中国版本图书馆 CIP 数据核字（2020）第 208272 号

中国农业出版社出版

地址：北京市朝阳区麦子店街 18 号楼
邮编：100125
责任编辑：杨晓改　　文字编辑：郝小青
版式设计：王　晨　　责任校对：沙凯霖
印刷：北京中兴印刷有限公司
版次：2020 年 12 月第 1 版
印次：2020 年 12 月北京第 1 次印刷
发行：新华书店北京发行所
开本：700mm×1000mm　1/16
印张：8.5
字数：165 千字
定价：58.00 元
